Mit freundlicher Unterstützung
LuK Lamellen- und Kupplungsbau, Bühl
AS Autoteile-Service GmbH & Co.
Postfach 11 05
Paul-Ehrlich-Straße 21
D-6070 Langen

Ursprünglich veröffentlicht in der Reihe „Technische leergangen"
unter dem Titel „Koppelingen"
von Educatieve en technische uitgeverij DELTA PRESS BV,
Overberg, gem. Amerongen, Niederlande.

© 1990 by Educatieve en technische uitgeverij DELTA PRESS BV,
Overberg, gem. Amerongen, Niederlande

Alle Rechte vorbehalten
© Friedr. Vieweg & Sohn Verlagsgesellschaft mbH,
Braunschweig/Wiesbaden, 1992

Der Verlag Vieweg ist ein Unternehmen der Verlagsgruppe
Bertelsmann International.

Das Werk und alle seine Teile sind urheberrechtlich geschützt. Jede Verwertung in anderen als den gesetzlich zugelassenen Fällen bedarf deshalb der schriftlichen Einwilligung des Verlages.

Gedruckt auf säurefreiem Papier

ISBN-13: 978-3-528-04829-7   e-ISBN-13: 978-3-322-86802-2
DOI: 10.1007/978-3-322-86802-2

Kupplungen

Alle Einzelteile eines Autos haben in der Vergangenheit eine enorme technische Entwicklung durchlaufen.
Sicherheit, Produktionskosten, reduzierter Verbrauch, jetzt auch Umweltfreundlichkeit, stehen im Blickfeld der Automobilhersteller. Sie führen immer wieder zu vielfältigen technischen Neuerungen. Dabei sind in vielen Fällen Modifikationen der längst bekannten Grundkonstruktionen erst durch den Einsatz moderner Materialien möglich, die zum Teil auch zu gänzlich neuen Konstruktionen führten.
Dies war auch bei der Kupplung so.
Dieser Lehrgang vermittelt in seinem ersten Teil Informationen zu Kupplungssystemen. Die unterschiedlichen Bauarten und Komponenten werden dargestellt und die Funktionsweise erläutert.
In einem zweiten Teil werden typische Schäden an Kupplungen aufgezeigt und deren Ursache erläutert.

Inhalt

1	**Entwicklungsgeschichte der Kupplungstechnik**	2
2	**Reibungskupplung**	10
2.1	Funktionsschema, Bauteile	10
2.1.1	Arbeitsweise der Kupplung	10
2.1.2	Beispiel	12
2.2	Kupplungsscheibe, Bauteile, Torsionsdämpfung und Belagfederung	12
2.2.1	Torsionsdämpfer	14
2.2.2	Belagfederung	14
2.3	Kupplungsscheibe: Bauarten, Torsionsdämpfungsdiagramme	16
2.3.1	Aufgaben	16
2.3.2	Bauarten	16
2.3.3	Zweistufiger Torsionsdämpfer	16
2.3.4	Zweistufiger Torsionsdämpfer, integrierter Vordämpfer, variable Reibeinrichtung	16
2.4	Kupplungsdruckplatte: Bauarten und Kennlinien	18
2.4.1	Aufgaben	18
2.4.2	Tellerfeder	18
2.4.3	Bauarten	18
2.4.4	Kupplungskennlinien und Kraftdiagramme	18
2.5	Kupplungsdruckplatte: Bauarten mit Einbauschema	20
2.5.1	Gezogene Tellerfederkupplung	20
2.5.2	Tellerfederkupplung LuK TS	20
2.5.3	Tellerfederkupplung mit Stützfeder	20
3	**Analysieren und Beseitigen von Störungen**	22
4	**Tips zur Vermeidung von Störungen am Kupplungssystem**	24
4.1	Hauptstörursachen	24
4.2	Störursache, die nicht unmittelbar mit der Kupplung in Verbindung steht	24
4.3	Überprüfung einer eingebauten Kupplung	24
4.3.1	Überprüfung	25
5	**Störungen am Kupplungssystem**	26
	I. Kupplung trennt nicht	26
	II. Kupplung rutscht	37
	III. Kupplung rupft	41
	IV. Kupplung macht Geräusche	45
6	**Aufbau**	49
6.1	Tellerfederkupplung in Standardausführung	49
6.2	Kupplungsscheibe mit zweistufigem Torsionsdämpfer, integrierter Vordämpfer mit variabler Reibeinrichtung	49
7	**Austausch von Kupplungen**	50
8	**Störungsursachen**	51

1 Entwicklungsgeschichte der Kupplungstechnik

Es dauerte bis zum Ende des ersten Jahrzehnts unseres Jahrhunderts, daß sich der Verbrennungsmotor unter den konkurrierenden Antriebskonzepten für Fahrzeuge gegenüber Dampf- und Elektroantrieben endgültig auf breiter Front durchsetzte. 1902 konnte ein Fahrzeug mit Ottomotor erstmalig den absoluten Geschwindigkeitsrekord an sich reißen: Bis dahin hatten Elektro- und Dampffahrzeuge dominiert, und auch noch während des ersten Jahrzehnts stritten sich die Verfechter der drei Antriebskonzeptionen um den absoluten Geschwindigkeitsrekord.

Dampf- und Elektroantriebe hatten gegenüber den „Motorwagen für flüssige Brennstoffe" – wie sie damals noch hießen – einen entscheidenden Vorteil: Durch den fast idealen Drehmomentverlauf benötigten sie weder Kupplung noch Getriebe und waren dadurch weitaus einfacher zu bedienen, weniger störanfällig und wartungsfreundlicher. Da der Verbrennungsmotor Leistung nur über Drehzahl abgibt, muß er folglich über eine Trennmöglichkeit zwischen Motor und Getriebe verfügen: Das drehzahlabhängige Antriebsprinzip des Ottomotors kommt nicht ohne mechanische Hilfe beim Anfahren aus, um den Nachteil, erst ab einer bestimmten Drehzahl genügend Leistung und damit Drehmoment abzugeben, auszugleichen.

Neben dieser Funktion als Anfahrkupplung ist aber jene der Trennkupplung genauso wichtig, um während der Fahrt ohne Last schalten zu können. Aufgrund der Komplexität der zu lösenden Probleme besaßen in den Anfängen des Automobilbaues viele, vor allem kleinere Fahrzeuge, keine Anfahrkupplung: Der Motorwagen mußte angeschoben werden.

Das Funktionsprinzip der ersten Kupplungen stammte aus den Maschinenhallen der aufstrebenden Industrie: Genau wie die dort verwendeten Transmissionsriemen setzte man auch bei den Motorwagen lederne Flachriemen ein.

Durch Spannen des Riemens über eine Spannrolle übertrug er die Antriebsleistung der Motor-Riemenscheibe auf die Antriebsräder, durch Lockern rutschte er durch – es war ausgekuppelt. Da dies den Lederriemen schnell verschleißen ließ, ging man bald dazu über, neben die Antriebsscheibe eine gleich große leerlaufende Scheibe zu installieren. Per Hebelbewegung ließ sich der Transmissionsriemen von der Los- zur Treibscheibe umlenken. Schon der Benz-Patent-Motorwagen von 1886, mit dem Bertha Benz die erste in die Automobilgeschichte eingegangene Langstreckenfahrt von Mannheim nach Pforzheim unternommen hatte, besaß diese Kupplungslösung.

Die Nachteile des Riementriebs einerseits, wie schlechter Wirkungsgrad, hohe Verschleißanfälligkeit und ungenügende Laufeigenschaften speziell bei Regenwetter, sowie die Notwendigkeit von Wechselgetrieben für die allmählich steigenden Motorleistungen andererseits ließen die Konstrukteure nach besseren Lösungen als der Transmissionskupplung suchen. Dabei entstanden die verschiedensten Kupplungstypen und auch die Vorläufer unserer heutigen Kupplungen, die alle auf dem Grundprinzip der Reibungskupplung basieren.

Hierbei wird einer auf dem Kurbelwellen-Ende sitzenden Scheibe zum Einkuppeln eine zweite, stillstehende genähert. Berühren sie sich, entsteht Reibung, und die nicht angetriebene Scheibe beginnt sich in Bewegung zu setzen. Mit zunehmendem Anpreßdruck nimmt die antreibende Scheibe die angetriebene mit

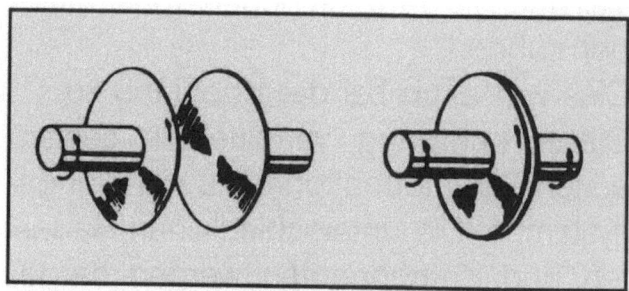

Bild 2 Grundprinzip der Reibungskupplung: Auf die antreibende wird die angetriebene Scheibe bis zum Kraftschluß gepreßt

steigender Drehzahl bis zum Kraftschluß mit, und beide haben nun die gleiche Umlaufgeschwindigkeit. In der Zeit zwischen getrennten und eingerückten Scheiben wird die Haupt-Antriebsenergie durch Gleiten der Scheiben aufeinander in Wärme umgesetzt. Eine solche Ausführung erfüllt die beiden Hauptforderungen – allmähliches und weiches Einrücken, um den Motor beim Anfahren nicht abzuwürgen und Stöße auf Motor und Kraftübertragung zu vermeiden, sowie verlustfreie Kraftübertragung bei eingerückter Kupplung.

Die Grundform dieses Bauprinzips besaß bereits 1889 der Stahlradwagen von Daimler, der eine Konus- bzw. Kegel-Reibkupplung besaß. In das konisch ausgedrehte Schwungrad greift hierbei ein auf der angetriebenen Motorwelle frei beweglicher Reibkegel ein, der durch das Kupplungsgehäuse mit der Kupplungswelle fest verbunden ist.

Durch eine Feder wird der Kegel in das Schwungscheiben-Gegenstück gedrückt und kann durch Druck auf den Fußhebel über die frei laufende Ausrückmuffe gegen den Federdruck zurückgezogen werden, womit der Kraftfluß unterbrochen wird.

Als Reibbelag auf der Kegelfläche dienten zunächst Kamelhaar-Riemen, die aber bald von Lederriemen abgelöst wurden. Zum Schutz gegen Feuchtigkeit, Fett und Öl wurden letztere mit Rizinusöl getränkt.

Gegenüber den Vorteilen, selbstnachstellend zu sein und die Achs- bzw. Getriebewelle nicht zu belasten, überwogen aber die

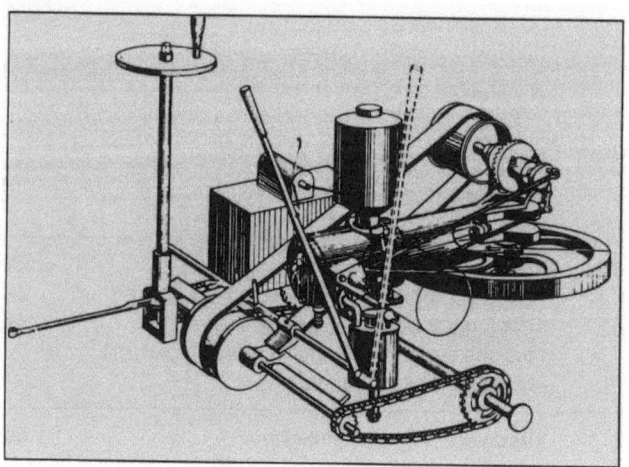

Bild 1 Transmissionsriemen-Kupplung beim Benz-Patent

Entwicklungsgeschichte der Kupplungstechnik

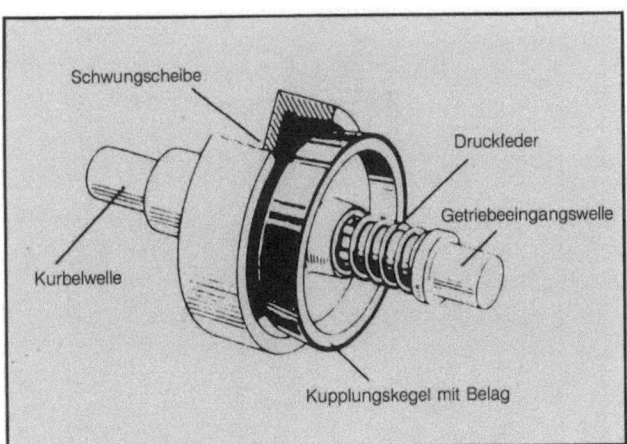

Bild 3 Aufbau der bis in die zwanziger Jahre dominierenden Konus- oder Kegel-Reibkupplung

Nachteile: Zum einen verschliß der Reibbelag schnell, und eine Erneuerung war aufwendig, weshalb man zu Konstruktionen mit federnden Stiften oder Blattfedern unter dem Lederbelag überging.

Zum anderen fielen Schwungscheibe und Kupplungskegel sehr massiv aus, wodurch beim Auskuppeln aufgrund des großen Massenträgheitsmomentes des Kupplungsteils, der nach dem ausrücken zum Schalten schnell zum Stillstand kommen soll –

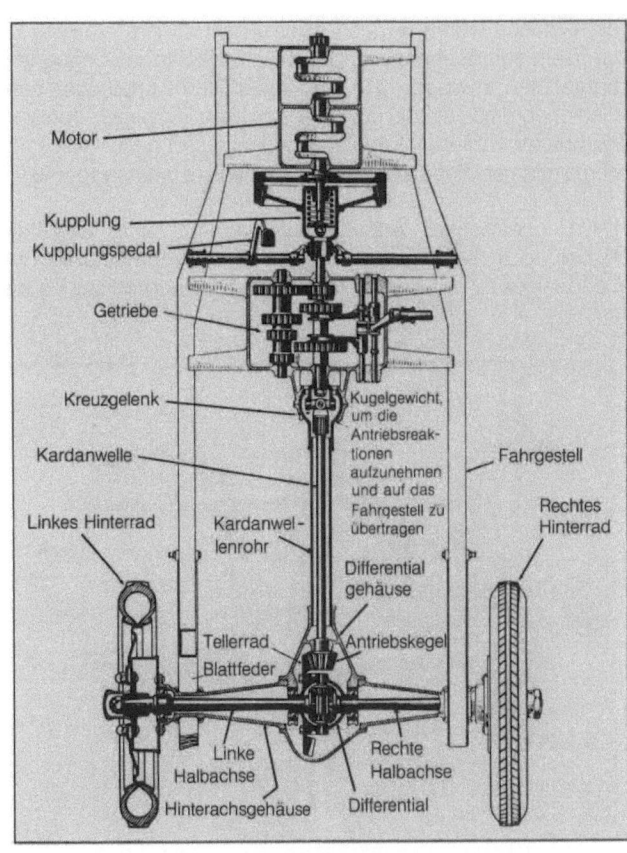

Bild 5 Aufsicht auf ein Fahrgestell mit Kegelkupplung. Die Kupplungsbetätigung erfolgt über den Fußhebel, der über einen Ausrückhebel den Mitnehmerkegel gegen die Anpreßfeder zurückzieht und damit auskuppelt.

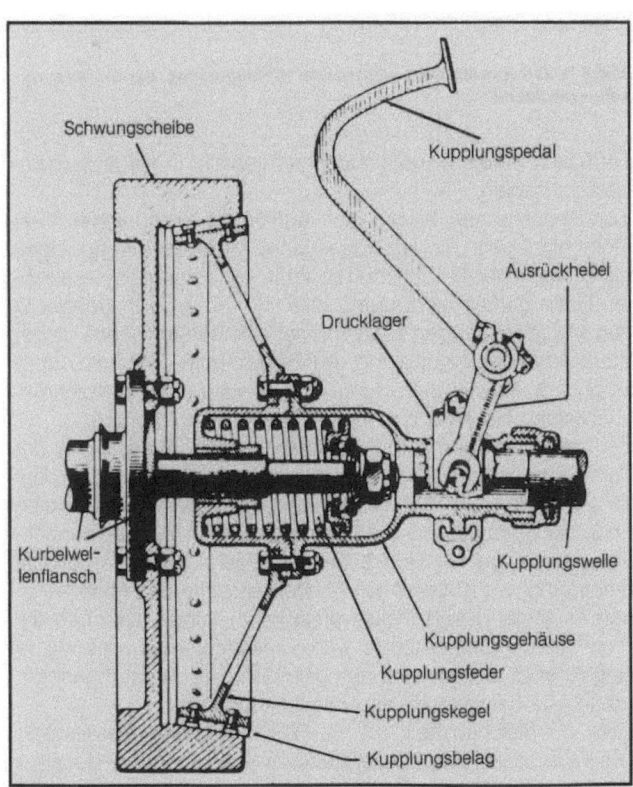

Bild 4 Längsschnitt durch eine Kegelkupplung mit den typischen Bauteilen: Kupplungskegel und entsprechend ausgedrehtes Schwungrad

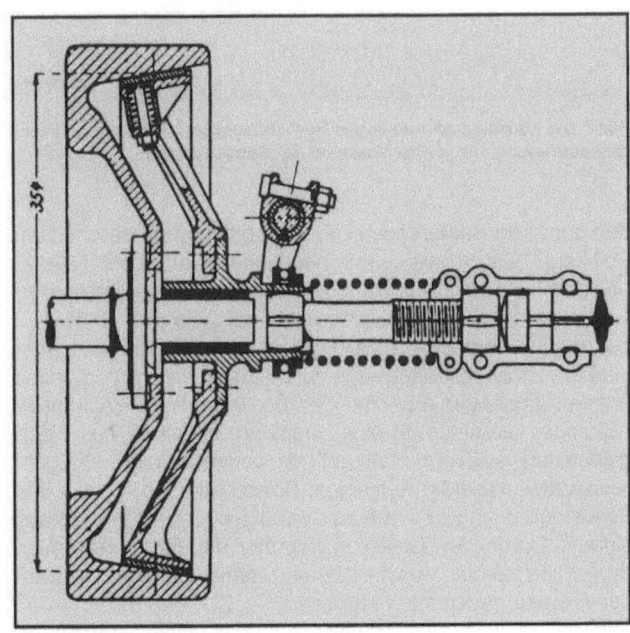

Bild 6 Kegelkupplung mit federndem Lederbelag

die Getriebe waren ja noch nicht synchronisiert –, dieses zu langsam zum Stehen kam. Um diesem Nachteil zu begegnen, baute man etwa ab 1910 eine zusätzliche Kupplungs- bzw. Getriebebremse an, die über einen zweiten Fußhebel – meist in Kombination mit dem Kupplungspedal und mit diesem auf einer gemeinsamen Pedalwelle laufend – bedient werden mußte.

Die Bequemlichkeit vieler Chauffeure, statt zu schalten die Kupplung schleifen zu lassen, um die Geschwindigkeit des Fahrzeuges zu regulieren, erhitzte das Schwungrad stärker als

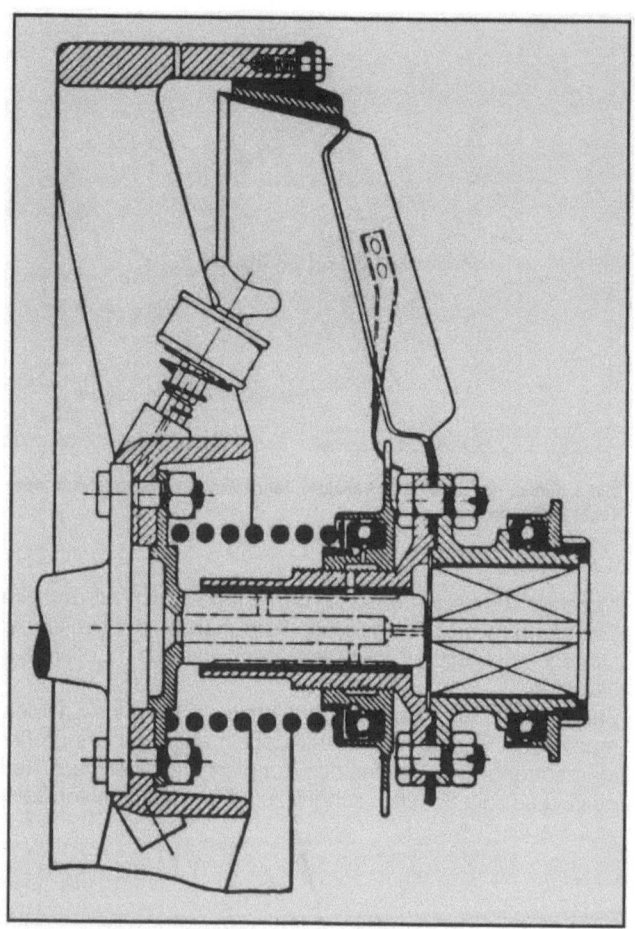

Bild 8 NAG-Kupplung mit zweigeteiltem Hohlkegel-Ring, der die Wartung sehr erleichterte

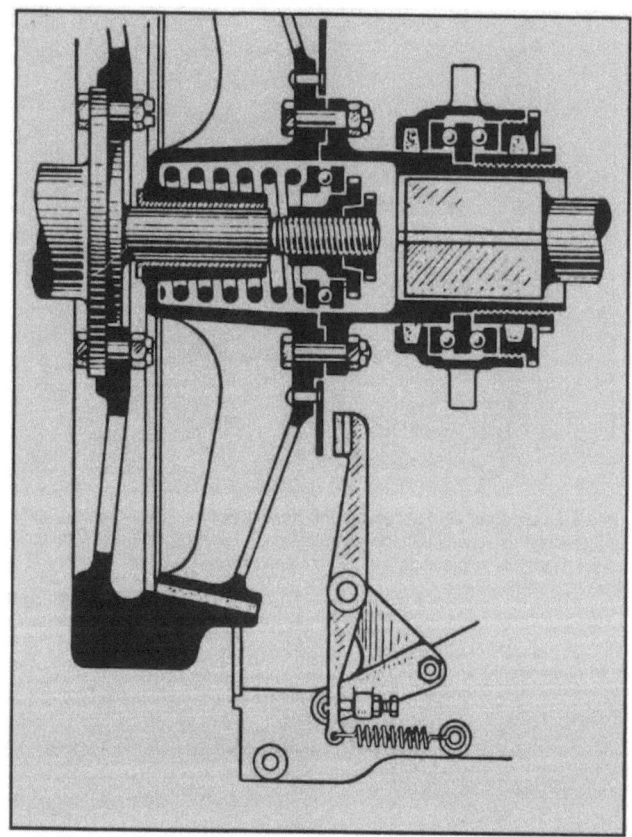

Bild 7 Die Kupplungsbremse sorgte beim Auskuppeln für die zügige Drehzahlreduzierung der großen Masse bei der Kegelkupplung

den durch den isolierenden Lederbelag thermisch geschützten Reibkegel. Der Konus konnte nach einem Parforceritt tiefer in das durch die Erwärmung ausgedehnte Schwungrad eingreifen – und war nach dem Erkalten darin festgeklemmt.
Schon vor dem Ersten Weltkrieg setzten sich daher immer stärker metallische Reibbeläge durch. Zuvor aber hatte man mit anderen Lösungen experimentiert: So verbaute die NAG (Neue Automobil Gesellschaft) eine Kupplung, die einen aus Blech gestanzten und zur Kühlung mit ventilatorartigen Flügeln versehenen Kegel mit Kamelhaar-Belag hatte, der in ein in das Schwungrad eingeschraubten zweiteiligen Ring mit Lederbelag eingriff. Durch die Zweiteilung konnte der Ring problemlos demontiert werden, was die Wartung vereinfachte und die Zahl der Kupplungsklemmer reduzierte.
Von der Daimler-Motoren-Gesellschaft stammte eine offene Reibkupplung mit blankem Aluminiumkegel. Zum weichen Einrücken mußte in regelmäßigen Intervallen Öl auf die Reibflächen tropfen.
Konuskupplungen hielten sich auf breiter Front wegen ihrer Einfachheit bis in die zwanziger Jahre. Metallische Kupplungen mit zylindrischen Reibflächen konnten sich wegen ihrer schlechten Dosierbarkeit nicht durchsetzen. Einzig die von Daimler in den Mercedes-Wagen etwa seit der Jahrhundertwende eingebaute Federband-Kupplung, eine Abart der zylindrischen Kupplungsform, konnte sich durch ihre genial einfache Konstruktionslösung bis etwa zum Ersten Weltkrieg behaupten.
Bei der Federband-Kupplung saß in einer Aussparung der Schwungscheibe ein starkes, spiralförmiges Federband, in dem der trommelförmige Ansatz der Übertragungswelle lief. Das eine Ende der Spiralfeder war mit der Schwungscheibe verbunden, das andere war am Deckel des Federgehäuses befestigt. Die Betätigung des Kupplungsfußhebels spannte das Federband, und es schlang sich (selbstverstärkend) immer fester um die Trommel, die Getriebewelle wurde mitgenommen – es wurde eingekuppelt. Das Anspannen der Feder bedurfte nur geringer Kräfte und bewirkte ein weiches Einkuppeln.
Etwa zur gleichen Zeit, als die Daimler-Motoren-Gesellschaft ihre Federband-Kupplung entwickelte, experimentierte der englische Professor Hele-Shaw bereits mit einer Lamellen- oder Mehrscheibenkupplung, die vom Prinzip her als Vorläufer der heute gebräuchlichen Einscheiben-Trockenkupplung gelten

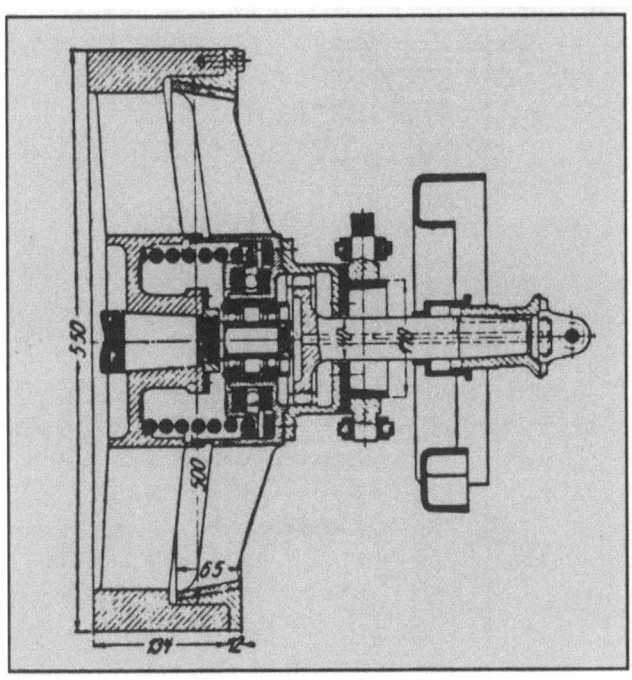

Bild 9 Konuskupplung der Daimler-Motoren-Gesellschaft mit Aluminiumkegel

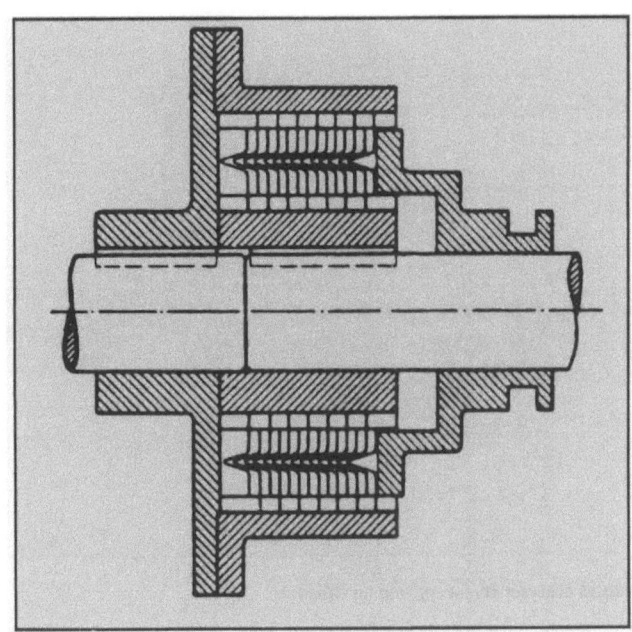

Bild 11 Der englische Professor Hele-Shaw war der erste, der mit Lamellen- oder Mehrscheibenkupplungen experimentierte

kann. Lamellenkupplungen, die oft auch nach dem ersten Großserienproduzenten „Westonsche Kupplungen" genannt wurden, besaßen gegenüber der Kegel-Reibkupplung entscheidende Vorteile: weitaus größere Reibflächen bei geringerem Platzbedarf und kontinuierliches Eingreifen.

Bei der Mehrscheibenkupplung ist mit der Schwungscheibe ein trommelförmiges Gehäuse verbunden, das innen mit Nuten versehen ist, in die am Außenrand entsprechend eingeschnittene Scheiben eingesetzt werden, wodurch diese sich mit der Kurbelwelle bzw. dem Schwungrad drehen, gleichzeitig aber in Längsrichtung verschoben werden können. Eine identische Anzahl von Scheiben ist entsprechend mit Innenaussparung auf einer mit der Kupplungswelle verbundenen Nabe zentriert. Diese können sich in der Längsrichtung der Kupplungswelle auf der Nabe verschieben. Bei der Montage werden abwechselnd innere und äußere Kupplungsscheiben zusammengefaßt, so daß immer eine antreibende und eine angetriebene Scheibe hintereinander kommen. Die so gebildeten Plattenpaare, bei denen sich in den Anfängen je eine Bronze- gegen eine Stahlscheibe drehten, wurden durch eine Druckscheibe per Kupplungsfeder zusammengepreßt. Nacheinander griffen so alle Kupplungslamellen ein.

Durch diese allmähliche Vergrößerung der Reibfläche griff die Lamellenkupplung sehr sanft. Beim Nachlassen des Federdrucks entkuppelten sich die Scheiben wieder, z. T. von aus der Scheibenebene herausgebogenen federnden Streifen unterstützt. Durch unterschiedliche Anzahl der Scheibenpaare konnte so ein Kupplungs-Grundtyp an jede Motorleistung angepaßt werden.

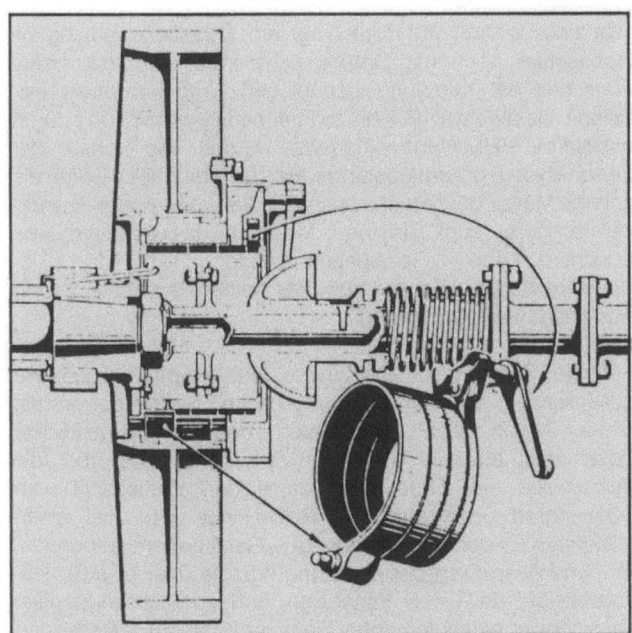

Bild 10 Daimler-Federbandkupplung, die wegen ihres genial einfachen Konstruktionsprinzips bis zum Ersten Weltkrieg gebaut wurde

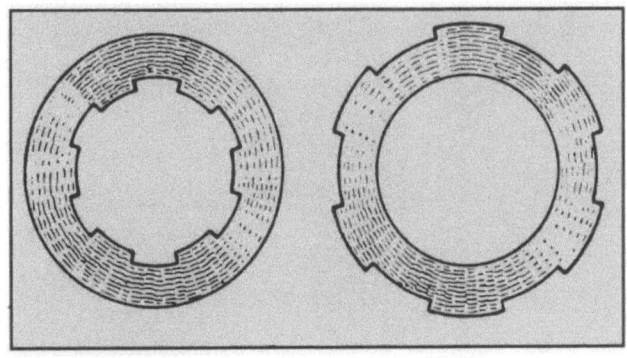

Bild 12 Plattenpaar einer Lamellenkupplung: links die innere, rechts die äußere Kupplungsscheibe

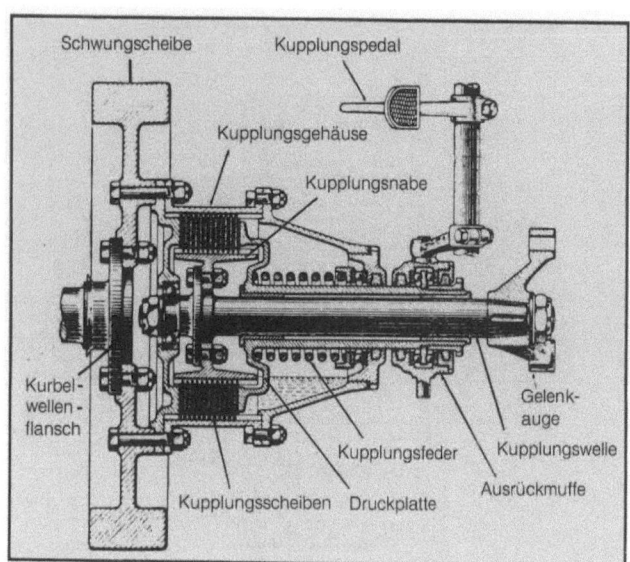

Bild 13 Mehrscheibenkupplung im Ölbad

Mehrscheibenkupplungen arbeiteten sowohl im Öl- oder Petroleumbad als auch trocken, wobei aber meist spezielle, aufgenietete Reibbeläge zur Anwendung kamen. Als größtes Manko der Lamellenkupplung muß die Schleppwirkung vor allem im Ölbad gelten, wodurch eine nur unzureichende Leistungsunterbrechung erfolgte, die das Schalten erschwerte.

Bereits 1904 hatten De Dion & Bouten das Prinzip der Einscheibenkupplung vorgestellt, die sich aber wegen zunächst mangelhafter Werkstoffe erst in den USA im großen Autoboom der zwanziger Jahre durchsetzen konnte – nicht zuletzt auf Drängen der Zulieferindustrie, die ab Ende der zwanziger Jahre

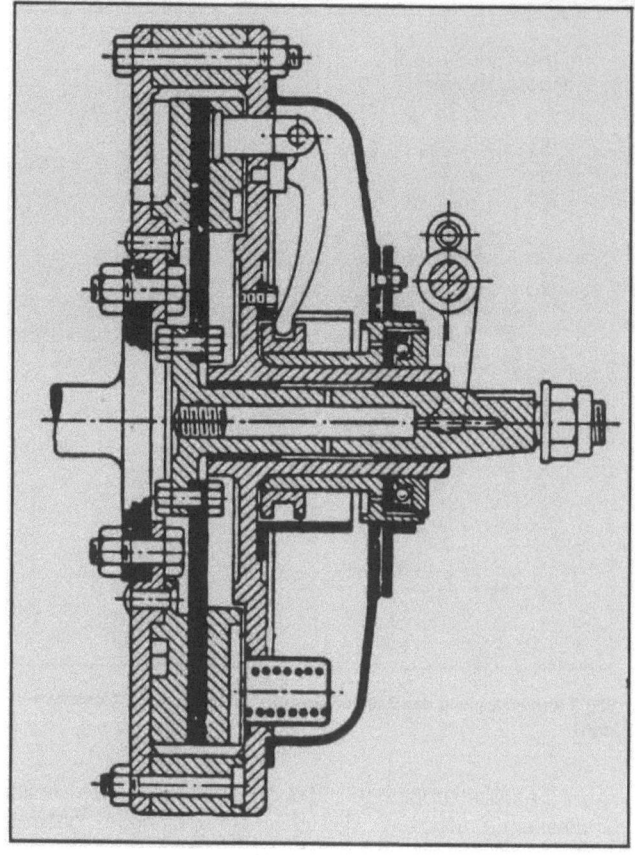

Bild 15 De Dion & Bouton hatten als erste erkannt, daß der Einscheibenkupplung die Zukunft gehören würde

Lizenzen an die europäischen Hersteller vergab. Die Einscheibenkupplung verdrängte innerhalb weniger Jahre Konus- und Lamellenkupplung.

Während De Dion und Bouten bei ihrer Scheibenkupplung die Reibflächen noch mit Graphit schmierten, kam der große Fortschritt der Kupplungstechnologie durch Ferodo-Asbest-Beläge, die ab etwa 1920 bis zu ihrer heutigen Ablösung durch asbestfreie Reibbeläge eingesetzt wurden. Die Vorteile der Einscheiben-Trockenkupplung waren unverkennbar: Durch die geringe Masse der Mitnehmerscheibe kam diese beim Ausrücken schneller zum Stillstand, wodurch das Schalten sehr erleichtert wurde – „Getriebebremse ade".

Die erste Konstruktionsart der Einscheiben-Trockenkupplung war noch relativ aufwendig.

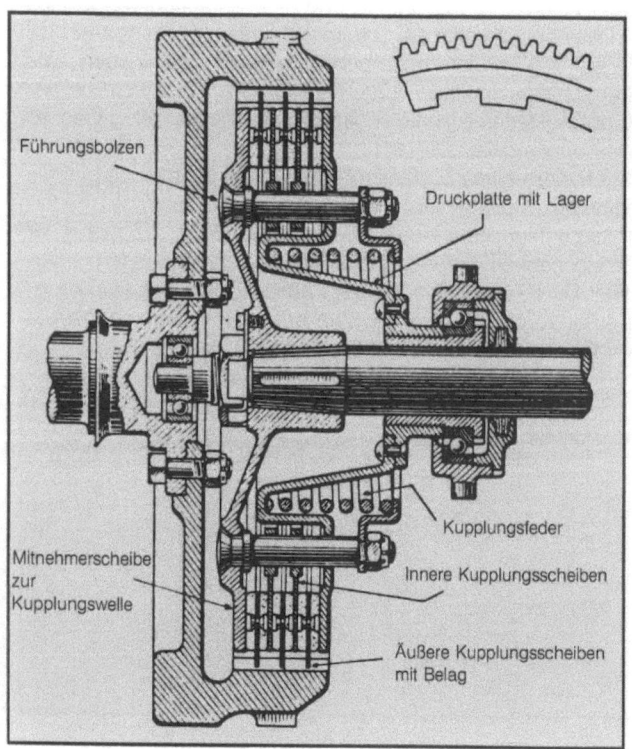

Bild 14 Mehrscheiben-Trockenkupplung mit aufgenietetem Belag

Auf die Schwungscheibe wurde das Kupplungsgehäuse geflanscht, in das der Kupplungsdeckel geschraubt wurde. Dieser Deckel nahm über Federn nach innen gedrückte Nasenhebel auf, die von einer Zwischenscheibe über die Reibscheibe den Druck und damit den Kraftschluß vom Schwungrad übertrugen. Die Reibscheibe war über einen Mitnehmer mit der Verbindungs- bzw. Getriebewelle verbunden. Ein- und Ausrücken der Kupplung erfolgte über eine Schleifringscheibe, die einen Kegel vor- und zurückbewegte. Die Kegelflanken betätigten dabei die unter Federdruck stehenden Nasenhebel, über die die Zwischenscheibe be- und entlastet, d. h. ein- und ausgerückt wurde. Da sich der Kegel um die

Entwicklungsgeschichte der Kupplungstechnik

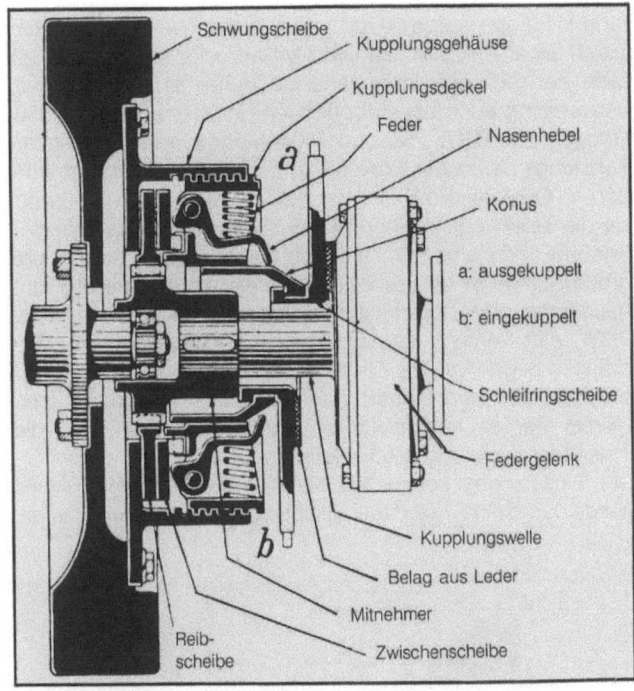

Bild 16 Erste Konstruktionsart der Schraubenfeder-Kupplung mit senkrecht zur Mittelachse angeordneten Kupplungsfedern

ruhende Schleifringscheibe drehte, mußte regelmäßig abgeschmiert werden.

Durchsetzen konnte sich aber die Schraubenfeder-Kupplung, bei der der Anpreßdruck von Schraubenfedern erzeugt wurde. Zunächst experimentierte man mit einer zentral angeordneten Feder, aber erst die Konstruktionslösung mit mehreren kleineren, am Außenrand des Kupplungsgehäuses verteilten Schrauben- oder Kupplungsfedern ging in die Großserie. Über eine frei auf der Kupplungswelle verschiebbare Ausrückmuffe konnten über Hebel die Schraubenfedern zusammengedrückt und damit die Anpreßplatte entlastet werden, womit ausgekuppelt wurde.

Durch unterschiedliche Federbestückung war die Anpreßkraft variabel, besaß aber den entscheidenden Nachteil, daß die Schraubenfedern, die ja außen an der Druckplatte saßen, mit zunehmender Drehzahl von der Fliehkraft immer stärker nach außen gegen die Federtöpfe gedrückt wurden, womit sich die Druckcharakteristik durch die zwischen Feder und Topf entstehende Reibung änderte. Mit zunehmender Drehzahl wurde die Kupplung immer schwergängiger. Hinzu kam, daß die Lagerung der Ausrückhebel, die immer unter Belastung standen, verschleißanfällig war und die Federtöpfe besonders bei hochtourigem Schalten schnell durchscheuern konnten.

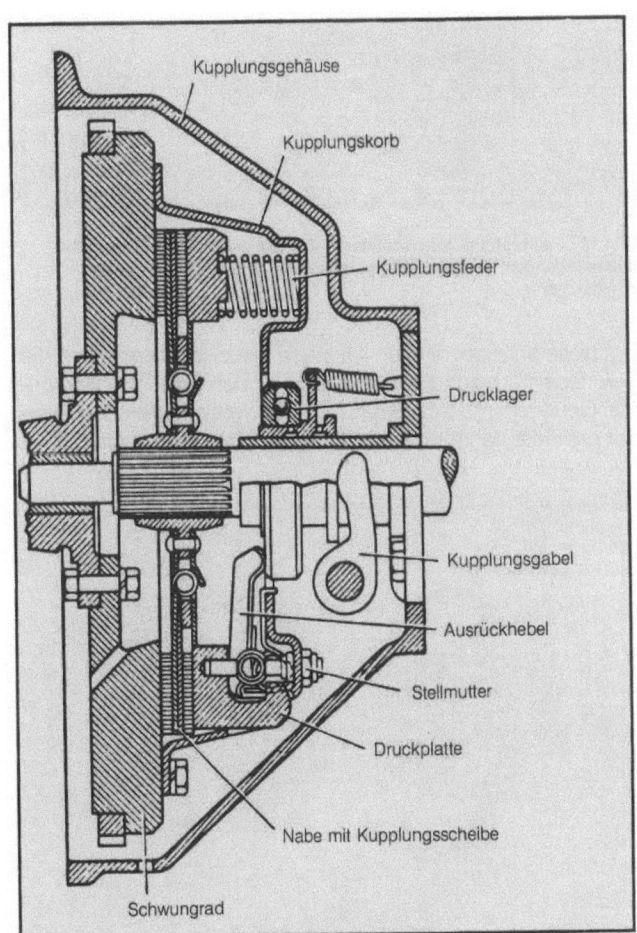

Bild 17 In dieser Form, mit parallel zur Mittelachse angeordneten Kupplungsfedern, dominierte die Schraubenfeder-Kupplung bis in die sechziger Jahre

Bild 18 In England und USA war der Borg & Beck-Typ mit im Kupplungskorb liegenden Federn am verbreitetsten

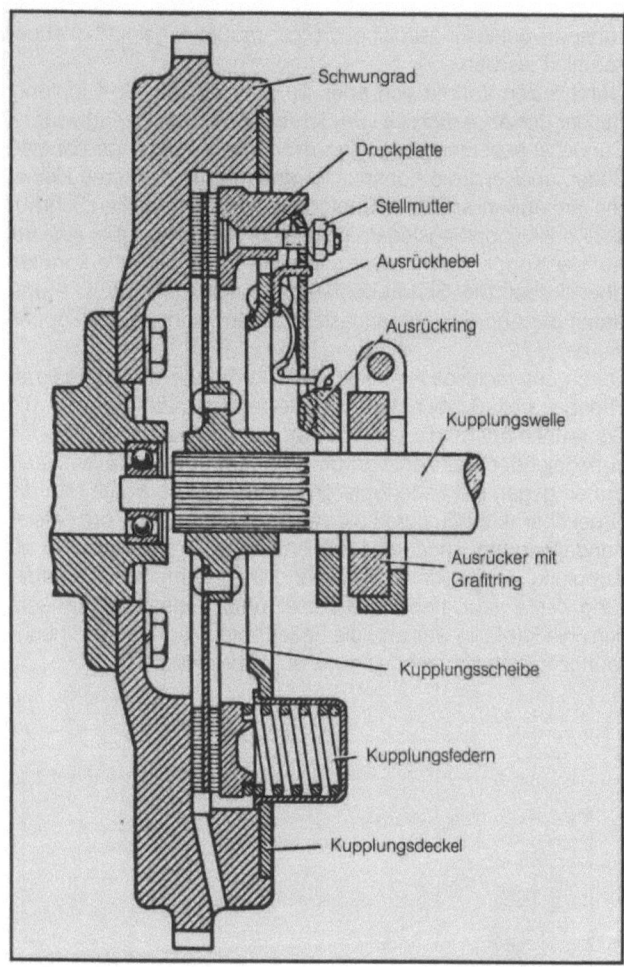

Bild 19 ... während sich in Kontinental-Europa die Konstruktionsart mit außenliegenden, über dem Kupplungsdeckel angeordneten Federn durchsetzte

fand. In Europa wurde sie nach dem Zweiten Weltkrieg vor allem durch die amerikanischen GMC-Militärtrucks bekannt, und ab Mitte der fünfziger Jahre fand sie, zunächst nur vereinzelt, Verwendung auch bei europäischen Herstellern. Porsche 356, Goggomobil, BMW 700 und DKW Munga waren die ersten Fahrzeuge deutscher Provenienz, die damit ausgerüstet wurden. Im Opel Rekord B ging sie 1965 erstmals in die Großserie. Da die Teller- oder Menbranfeder-Kupplung rotationssymmetrisch ist und damit drehzahlunabhängig arbeitet, schlug ihre große Stunde in den sechziger Jahren, als auf breiter Front hochdrehende Motoren mit obenliegender Nockenwelle (Glas, BMW, Alfa Romeo) die Stoßstangen-Konstruktionen zu verdrängen begannen. Bis Ende der sechziger Jahre gingen fast alle Hersteller zum Einbau von Tellerfeder-Kupplungen über. Hierbei war es maßgebliches Verdienst von LuK, daß die Tellerfeder-Kupplung großserienreif wurde.

Der Einsatz des kompletten Hebel-Schraubenfeder-Systems wurde durch eine Tellerfeder, die beide Funktionen übernimmt,

Um diese prinzipbedingten Nachteile auszuschalten, wurde die Tellerfeder-Kupplung entwickelt, die in den Forschungslabors von General Motors 1936 das Licht der Welt erblickte und Ende der dreißiger Jahre in den USA Eingang in die Serienfertigung

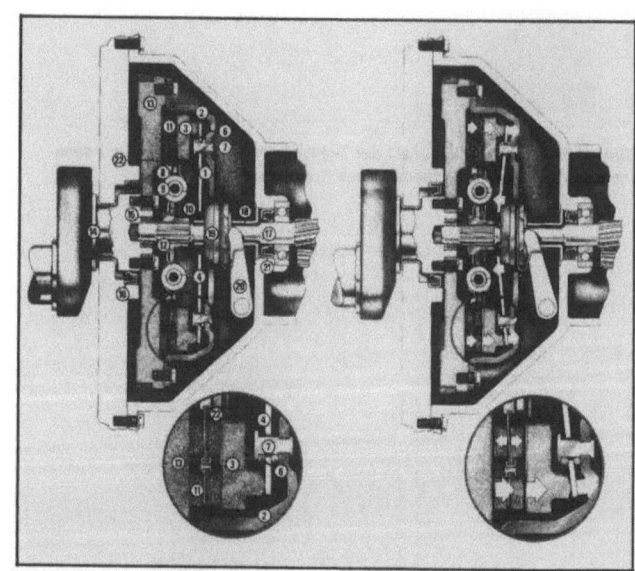

Bild 21 Moderne Lamellenkupplung, links im eingekuppelten, rechts im ausgekuppelten Zustand

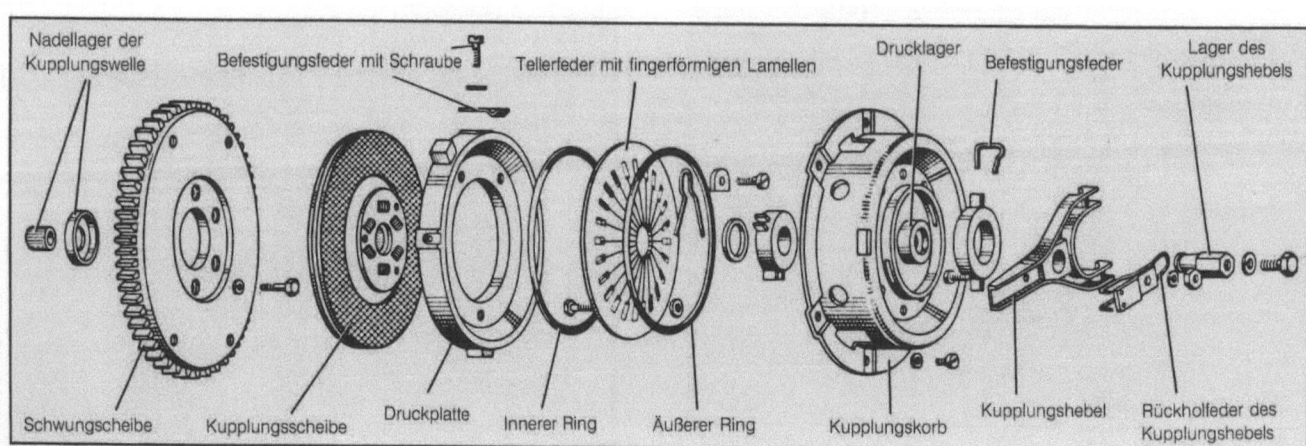

Bild 20 Bei der von Chevrolet entwickelten und zunächst auch Chevrolet- oder Inland-Kupplung genannten Lamellenkupplung wurden die Druckfedern durch eine Tellerfeder ersetzt

überflüssig. Dies brachte viele Vorteile: Einfacher mechanischer Aufbau, konstante Anpreßkraft, geringer Platzbedarf bei hohem Anpreßdruck (wesentlich bei quer eingebauten Motoren) und Drehzahlfestigkeit führten dazu, daß sie heute fast ausschließlich verwendet wird und zunehmend auch in Nutzfahrzeugen – noch lange eine Domäne der Schraubenfeder-Kupplung – zum Einbau gelangt.

Parallel zu dieser Entwicklung wurde auch die Kupplungsscheibe, die auch Reibscheibe genannt wird, optimiert. Die ständig wechselnde Drehzahl und schwankendes Drehmoment eines Verbrennungsmotors erzeugen Schwingungen, die von Kurbelwelle, Kupplung und Getriebewelle aufs Getriebe übertragen werden. Geräuschentwicklung und hoher Zahnflankenverschleiß sind die Folge. Verringerte Schwungmasse und Leichtbau bei modernen Fahrzeugen verstärken diesen Effekt, weshalb man Kupplungsscheiben mit Torsionsdämpfern und Belagfederung ausstattete.

Während Kuppeln lange Zeit kräftige Waden erforderte, da die Fußkraft über Gestänge und Wellen übertragen wurde, erhöhten seit den dreißiger Jahren Seilzüge und seit den Fünfzigern hydraulische Betätigungen den Komfort.

Der Bedienungsfreundlichkeit sollten auch alle Versuche dienen, den Kupplungsvorgang zu automatisieren: 1918 kamen von Wolsely die ersten Ideen einer elektromagnetischen Kupplung. Anfang der dreißiger Jahre baute die französische Firma Cotal ihr Vorwahlgetriebe mit elektromagnetischer Kupplung, das in einigen Luxusautomobilen auftauchte. Am bekanntesten wurden Fliehkraft-Kupplungen, die ihren Anpreßdruck drehzahlabhängig durch die Zentrifugalkraft regeln, und automatische Kupplungen wie Saxomat (Fichtel & Sachs), Lukomat (LuK), Manumatik (Borg & Beck) und Ferlec (Ferodo).

Keine davon konnte sich durchsetzen; die Konkurrenz der manuellen und automatischen Getriebe mit Drehmomentwandler war zu groß.

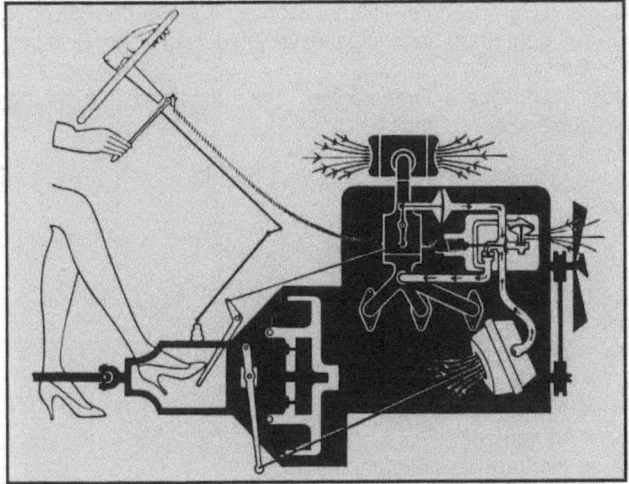

Bild 22 An Versuchen, das Kuppeln leichter zu machen, hat es nie gefehlt: automatische, durch Unterdruck gesteuerte Kupplung

Literatur: Trennende Verbindung, Walter Wolf, Markt für klassische Automobile und Motorräder 2/89.

2 Reibungskupplung

Verbrennungsmotoren geben nur in einem bestimmten Drehzahlbereich nutzbare Leistung ab. Um diesen Drehzahlbereich für verschiedene Fahrzustände nutzen zu können, benötigen Kraftfahrzeuge ein Schaltgetriebe. Es wird heute in der Regel durch Einscheiben-Trockenkupplungen mit dem Motor verbunden. Nur in Ausnahmefällen werden in Sportwagen oder Schwerst-Lastkraftwagen auch trockenlaufende Zweischeibenkupplungen eingesetzt. Im Gegensatz zu „trocken", also im Medium Luft arbeitenden Kupplungen, arbeiten naßlaufende Kupplungen im Ölbad oder im Ölnebel. Sie werden hauptsächlich verwendet als Lamellenkupplungen in automatischen Getrieben, in Baumaschinen, Sonderfahrzeugen und überwiegend in Motorrädern.

2.1 Funktionsschema, Bauteile

Tellerfederkupplungen, wie im Bild 23 dargestellt, werden zunehmend auch in Nutzfahrzeugen eingesetzt. Ihre Vorteile gegenüber den früher üblichen Schraubenfederkupplungen sind:
– geringe Bauhöhe
– Drehzahlfestigkeit
– geringe Ausrückkräfte
– längere Lebensdauer.

Die rechte Grafik, die eine Kupplung in typischer Einbausituation zeigt, verdeutlicht die prinzipielle Funktion als Binde- bzw. Trennglied zwischen Motor und Getriebe.
Neben der Hauptfunktion des Verbindens bzw. Trennens der sich ständig drehenden Kurbelwelle (14) und der Getriebeeingangswelle (17) hat eine moderne Kupplung eine Reihe weiterer wichtiger Aufgaben. Sie soll:
– ein weiches und ruckfreies Anfahren und Schalten ermöglichen,
– ein schnelles Schalten des Getriebes gewährleisten,
– die Drehschwingungen des Motors vom Getriebe fernhalten und so Rasselgeräusche und Verschleiß vermindern,
– als Überlastungsschutz für den gesamten Antriebsstrang (z. B. bei Schaltfehlern) dienen,
– verschleißarm und leicht austauschbar sein.

Die Kupplungsdruckplatte setzt sich aus folgenden Einzelteilen zusammen:
– Kupplungsdruckplatte
– Kupplungsscheibe
– Schwungrad
– Ausrückvorrichtung.

Die Kupplungsdruckplatte (1) mit den Einzelteilen Kupplungsgehäuse (2) (auch Kupplungsdeckel), Anpreßplatte (3) als kupplungsseitiger Reibpartner der Kupplungsscheibe, Tellerfeder (4) zur Erzeugung der Anpreßkraft, Tangentialblattfeder (5) als federndes, den Abhub sicherndes Verbindungselement zwischen Gehäuse und Anpreßplatte, Stützring (6) und Distanzbolzen (7), die die Fixierung und Lagerung der Tellerfeder übernehmen.

Die Kupplungsscheibe (8) mit den Einzelteilen Nabe (12), Torsionsdämpfer (9) mit Reibeinrichtung (10) und Anschlagbolzen (23), Segmente zur Belagfederung und damit vernieteten Reibbelägen (11).

Das Schwungrad (13) mit dem Pilotlager (15) (auch Kupplungsführungslager).

Die Ausrückvorrichtung mit Führungshülse (18), Ausrücklager (19) und Ausrückgabel (20).

2.1.1 Die Arbeitsweise der Kupplung

Die Funktion einer Einscheiben-Trockenkupplung mit Tellerfeder zeigen die beiden linken Grafiken. Im eingekuppelten Zustand (links) geht der von der Kurbelwelle (14) kommende Kraftfluß auf das Schwungrad (13) und die Kupplungsdruckplatte. Die Mitnehmerscheibe (8) leitet den Kraftfluß (gleichmäßig) über die Nabe (12) auf die Getriebeeingangswelle (17) weiter. Die Tellerfeder preßt die axial bewegliche Anpreßplatte gegen die Mitnehmerscheibe und das Schwungrad. Die Verbindung Motor – Getriebe ist damit hergestellt.

Soll der Kraftfluß unterbrochen werden, tritt der Fahrer das Kupplungspedal. Dadurch drückt das von der Ausrückgabel (20) bewegliche Ausrücklager (19) in Richtung Motor auf die Tellerfederspitzen. Die Spitzen haben die Funktion eines Hebels. Bei weiterem Durchdrücken erfolgt über die Tellerfederlagerung eine Richtungsumkehr, die Anpreßplatte (3) wird entlastet und über die Blattfedern (5) von der Kupplungsscheibe (18) abgehoben. Die Kupplungsscheibe kann sich frei drehen – Motor und Getriebe sind getrennt.

Die Belagfederung (22) ist im Kreisausschnitt zur Darstellung der Kupplung in ausgekuppeltem Zustand (Bildmitte) deutlich zu erkennen (vereinfachte Darstellung). Sie sorgt durch einen gleichmäßigen Druckaufbau für ein weiches Eingreifen der Kupplung.

Funktionell zwar nicht notwendig, für den praktischen Einsatz aber von großer Bedeutung, ist der Torsionsdämpfer (9) in der Kupplungsscheibe. Er glättet durch eine motorspezifisch abgestimmte Kombination von Feder- und Reibelementen die ungleichförmigen Drehungen der Kurbelwelle und vermindert so Rasselgeräusche, Dröhnen und vorzeitigen Verschleiß im Getriebe (auf den Torsionsdämpfer wird ausführlich in den Tafeln 2 und 3 eingegangen).

Das Pilotlager (15) dient der einwandfreien Führung bzw. Lagerung der Getriebeeingangswelle (17).

Die Führungshülse (18) führt das Ausrücklager (19) mittig auf die Kupplung.

Die Wellendichtungen an Motor (16) und Getriebe (21) sollen die Kupplungsglocke ölfrei halten. Schon geringe Mengen Fett oder Öl auf den Kupplungsbelägen verschlechtern den Reibwert beträchtlich.

Das übertragbare Drehmoment einer Einscheibenkupplung errechnet sich:

$$M_d = r_m \times n \times \mu \times F_a$$

mit
r_m = mittlerer Reibradius
n = Anzahl der Beläge
μ = Reibwert der Beläge
F_a = Anpreßkraft
M_d = übertragbares Drehmoment

Reibungskupplung

Funktionsschema, Bauteile

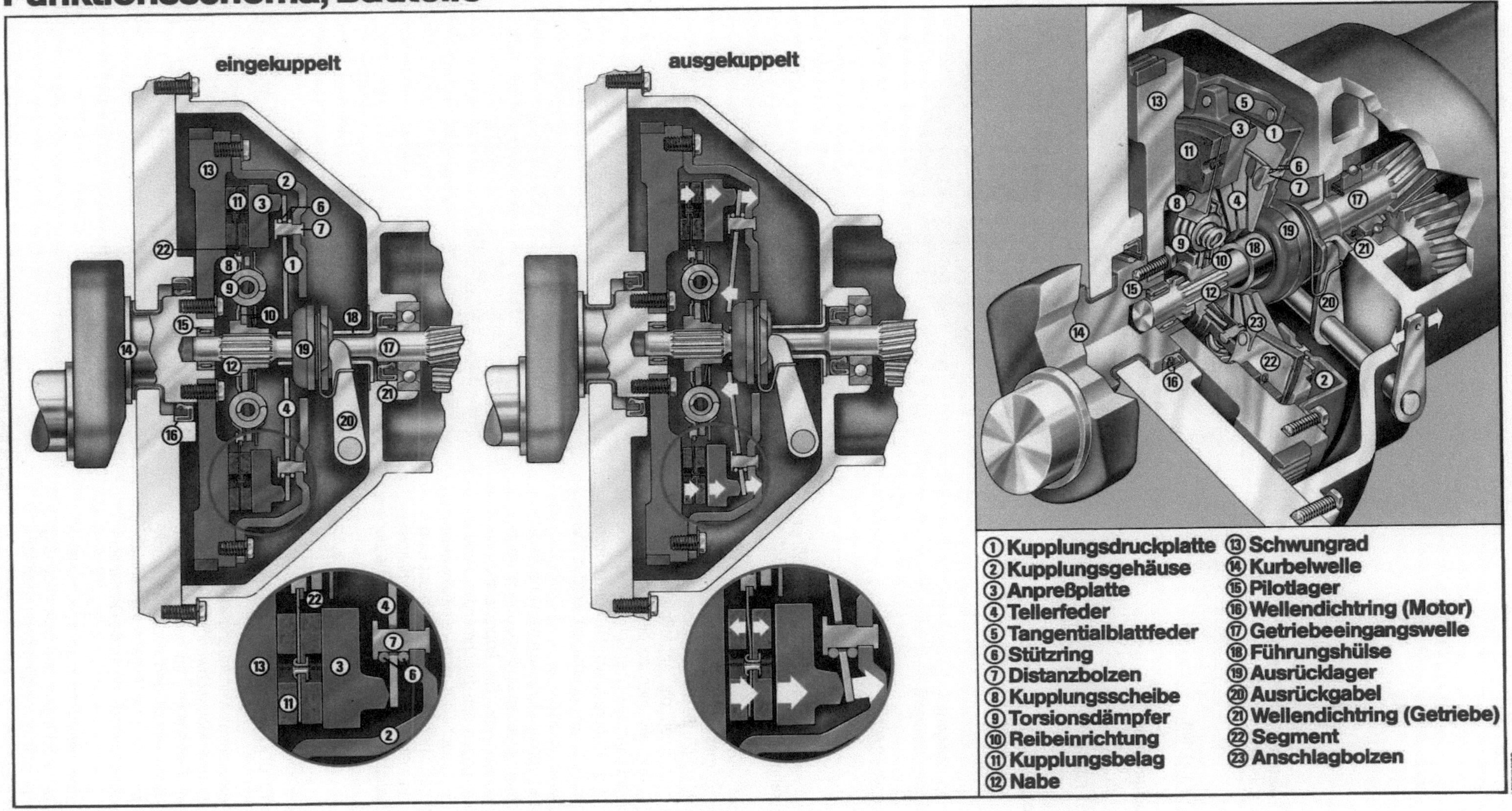

① **Kupplungsdruckplatte**
② **Kupplungsgehäuse**
③ **Anpreßplatte**
④ **Tellerfeder**
⑤ **Tangentialblattfeder**
⑥ **Stützring**
⑦ **Distanzbolzen**
⑧ **Kupplungsscheibe**
⑨ **Torsionsdämpfer**
⑩ **Reibeinrichtung**
⑪ **Kupplungsbelag**
⑫ **Nabe**
⑬ **Schwungrad**
⑭ **Kurbelwelle**
⑮ **Pilotlager**
⑯ **Wellendichtring (Motor)**
⑰ **Getriebeeingangswelle**
⑱ **Führungshülse**
⑲ **Ausrücklager**
⑳ **Ausrückgabel**
㉑ **Wellendichtring (Getriebe)**
㉒ **Segment**
㉓ **Anschlagbolzen**

ausgekuppelt

eingekuppelt

Bild 23

2.1.2 Beispiel:

Innendurchmesser des Belages d_i: 134 mm
Außendurchmesser des Belages d_a: 190 mm
Anpreßkraft F: 3.500 N

$$d_m = \frac{d_i + d_a}{2} = \frac{134 \text{ mm} + 190 \text{ mm}}{2}$$
$$= 162 \text{ mm (mittl. Reibdurchmesser)}$$

$$r_m = \frac{d_m}{2} = \frac{162 \text{ mm}}{2} = 81 \text{ mm}$$

$$= 81 \times 10^{-3} \text{ m (mittl. Reibradius)}$$

Reibwert μ
0,27–0,32 (bei organischen Belägen)
0,36–0,40 (bei anorganischen Belägen)

$M_d = (81 \times 10^{-3} \text{ m}) \times 2 \times 0{,}27 \times 3.500 \text{ N}$
$M_d = 153 \text{ Nm}$

Das übertragbare Moment einer Kupplung muß immer höher als das maximale Motordrehmoment sein.

Der Vollständigkeit halber wird im Bild 24 eine Bauart der Schraubenfederkupplung dargestellt. Im Kupplungsgehäuse (1) eingelassen sind Blechtöpfe (2), die die Schraubenfedern (3) aufnehmen. Diese Federn pressen die Anpreßplatte (4) in Richtung Schwungrad (5) und klemmen so die Kupplungsscheibe ein. Das Drehmoment kann also über Schwungscheibe (5), Kupplungsgehäuse (1) und Anpreßplatte (4) auf die axial verschiebbare Kupplungsscheibe (6) übertragen werden, die auf der Getriebeeingangswelle (8) sitzt.
Während bei der Tellerfederkupplung Druckelement und Hebel ein Teil sind, verfügt die Schraubenfederkupplung über getrennte Ausrückhebel und Druckelemente. Die Anpreßplatte wird über den gesamten Abhub gegen den zunehmenden Federdruck bewegt. Dies ist die Ursache für eine vergleichsweise höhere Betätigungskraft bei einer Schraubenfederkupplung, bei gleicher Anpreßkraft. Ein weiterer Nachteil ist die verhältnismäßig geringe Drehzahlfestigkeit sowie größere Bauhöhe der Schraubenfederkupplung.

2.2 Kupplungsscheibe: Bauteile, Torsionsdämpfung und Belagfederung

Die Kupplungsscheibe ist das zentrale Verbindungselement der Kupplung. Sie bildet mit dem Motorschwungrad und der Kupplungsdruckplatte ein Reibsystem. Im eingekuppelten Zustand ist sie zwischen Schwungrad und Kupplungsdruckplatte kraftschlüssig eingepreßt. Über die Verzahnung der Nabe leitet sie das Antriebsmoment formschlüssig an die Getriebeeingangswelle weiter.
In modernen Kraftfahrzeugen verwendet man ausschließlich Kupplungsscheiben mit Torsionsdämpfer und Belagfederung. Im Automobilbau werden praktisch ausnahmslos organische Reibbeläge eingesetzt.

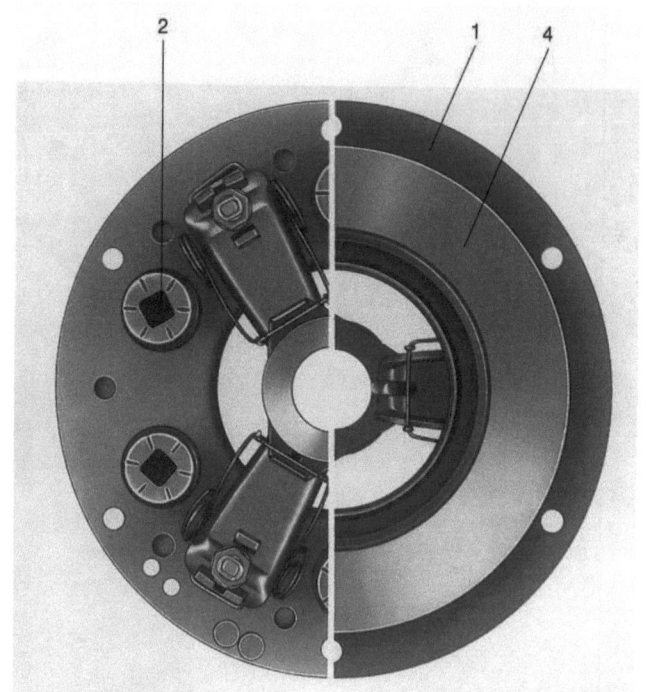
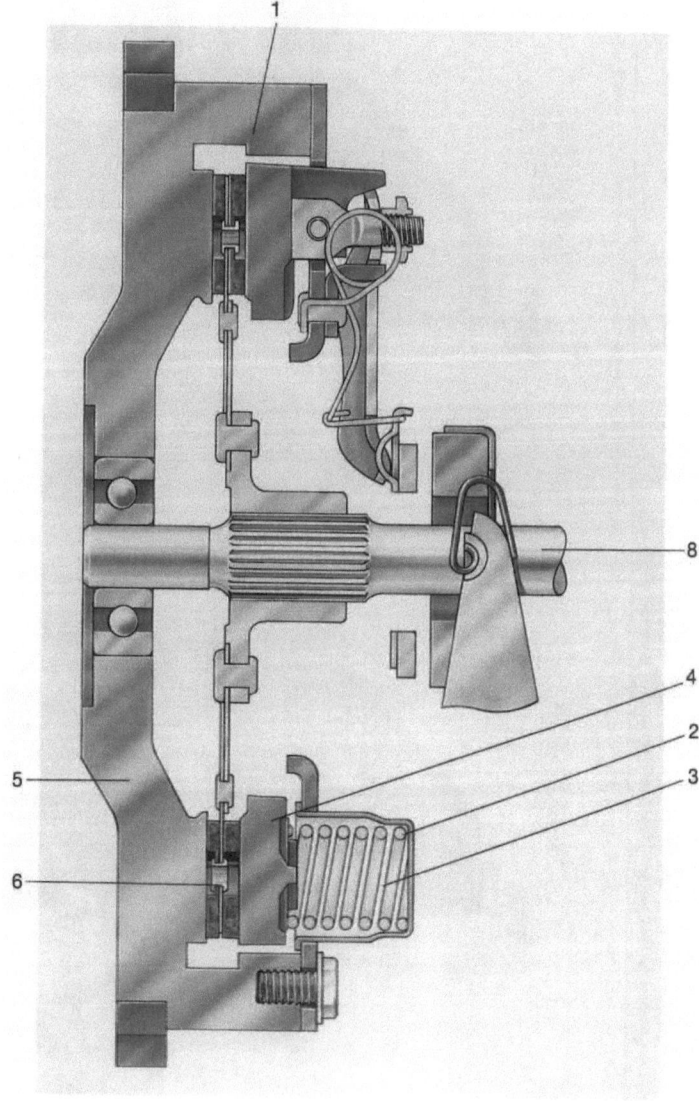

Bild 24 Schraubenfeder-Kupplung

LuK ist der Hauptlieferant von:
Audi, BMW, Chrysler, Citroën, Daimler-Benz, Eicher, Fiat, Fresia, Ford, Goldini, GM, Jaguar, J.I. Case, John Deere, KHD, Kubota, Lamborghini-Trattori, Massey-Ferguson-Landini, Nissan, Opel, Peugeot, Reliant, Renault, Saab-Scania, Same, Schlüter, Steyr-Daimler-Puch, Toyota, Valmet, Vauxhall, Volvo, und Volkswagen.

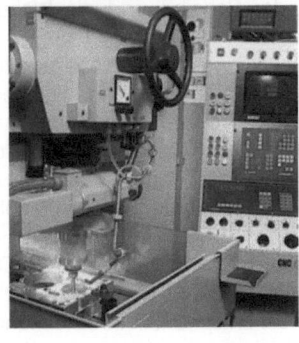

Lediglich für Sonderfahrzeuge und Traktoren kommen auch metallkeramische Sinterbeläge zum Einsatz.
Die linke Grafik vom Bild 25 zeigt eine typische Pkw-Kupplungsscheibe mit zweistufigem Torsionsdämpfer, integriertem Vordämpfer und variabler Reibeinrichtung.
Die Kupplungsbeläge (1) sind mit Belagnieten (2) auf die Federsegmente (3) aufgenietet. Diese Federsegmente sind mit Nieten auf der Mitnehmerscheibe (17) befestigt. Die Mitnehmerscheibe (17) wird mit Hilfe der Zentrierbüchse (22) drehbar auf der Nabe (15) zentriert.
Der Torsionsdämpfer setzt sich aus dem Vordämpfer (mit den Federn 10 und 11), dem Hauptdämpfer (mit den Federn 12 und 13) und der Reibeinrichtung (mit Reibringen 8, Reibscheiben 20, Tellerfeder 7 und Stützscheiben 9) zusammen.

2.2.1 Torsionsdämpfer

Torsionsdämpfer haben die Aufgabe, Schwingungen zwischen Motor und Getriebe zu dämpfen.
Verbrennungsmotoren geben im Gegensatz zu Elektromotoren oder Turbinen kein konstantes Drehmoment ab. Die ständig wechselnden Winkelgeschwindigkeiten der Kurbelwelle erzeugen Schwingungen, die über die Kupplung und Getriebeeingangswelle zum Getriebe übertragen werden. Hier verursachen sie unangenehme Rasselgeräusche und vorzeitigen Verschleiß der Zahnflanken. Torsionsdämpfer sollen diese Schwingungen zwischen Motor und Getriebe verringern.
Immer kleiner werdende Schwungmassen und der Leichtbau moderner Fahrzeuge verstärken diese unerwünschten Effekte. So muß heute für jedes Fahrzeug eine spezielle Abstimmung vorgenommen werden, was zu einer großen Vielfalt an Dämpfern und Bauarten geführt hat. Bild 25 zeigt daher nur einige charakteristische Bauarten.
Im rechten Teil des Bildes sind drei Arten von Torsionsdämpfern dargestellt.
Ihre grundsätzliche Wirkungsweise ist folgende:
Die zwischen der Mitnehmerscheibe (17) und der Gegenscheibe (18) drehbar gelagerte Nabe (15) stützt sich über den Nabenflansch (19) und die Dämpferfedern (10–13) gegenüber der Mitnehmerscheibe und der Gegenscheibe federnd ab, so daß unter Last ein mehr oder weniger großer Winkelausschlag erreicht wird. Die Federung wird durch eine Reibeinrichtung (7,8,9,20) gedämpft. Das übertragbare Drehmoment des Dämpfers muß stets größer sein als das Motordrehmoment, um ein Anschlagen des Nabenflansches (19) an den Anschlagbolzen (6) zu vermeiden.
Im modernen Kraftfahrzeugbau sind oft zwei- oder mehrstufige Kennlinien erforderlich. Die Stufen werden durch Federn mit unterschiedlichen Federraten und unterschiedlich großen Fenstern erzeugt. Ebenso lassen sich die Reibeinrichtungen durch unterschiedliche Reibringe und Federn stark variieren. Die Kennlinien sind meist nicht symmetrisch, sondern zeigen in Zugrichtung einen steileren Verlauf mit einem höheren Anschlagmoment als in Schubrichtung (Näheres zu Thema „Bauarten und Torsionsdämpfungsdiagramme" steht im Begleitheft zu Bild 26).
Der obere Torsionsdämpfer (Bild 26) verfügt über eine einfache Reibeinrichtung mit Tellerfeder für eine konstante Reibung und eine zweistufige Kennlinie. Zwischen Mitnehmerscheibe (17) und Gegenscheibe (18) läuft der Nabenflansch (19), der sich über Hauptdämpferfedern der 1. Stufe (12) und 2. Stufe (13) abstützt. Der Nabenflansch (19) kann sich bis zu 16 Grad gegen Mitnehmerscheibe (17) und Gegenscheibe (18) verdrehen, bevor er gegen den Anschlagbolzen (6) schlägt.
Der mittlere Torsionsdämpfer ist ähnlich wie der obere aufgebaut, verfügt jedoch zusätzlich über zwei Reibringe (8). Reibringe können aus organischem Material oder aus Kunststoff bestehen. Organische Reibringe verfügen über hohe Reibwerte (schlechtes Verschleißverhalten) während Kunststoffreibringe nur eine niedrige Reibung (aber gutes Verschleißverhalten) haben.
Der untere Torsionsdämpfer verfügt über eine verdrehwinkelabhängige, dreistufige Reibeinrichtung, einen zweistufigen Hauptdämpfer und einen separaten zweistufigen Vordämpfer. Der separate Vordämpfer, bestehend aus Vordämpferflansch (24) und Vordämpfergegenscheibe (25) mit Vordämpferfedern der 1. Stufe (10) und der 2. Stufe (11) wird vor allem bei Personenwagen mit Dieselmotor eingesetzt. Er wirkt bei geringeren Motordrehmomenten und dämpft bei Leerlauf. Die drei Reibringe (8) der dreistufigen Reibeinrichtung beginnen bei unterschiedlichen Verdrehwinkeln zu wirken. Der zweistufige Hauptdämpfer (12) und (13) entspricht in seiner Wirkungsweise dem der oben beschriebenen Systeme.

2.2.2 Belagfederung

Im unteren Teil der Schautafel sind die vier gebräuchlichsten Belagfederungsarten abgebildet. Die Belagfedern liegen grundsätzlich zwischen den Kupplungsbelägen. Sie sorgen für ein weiches Einkuppeln und damit für ein ruckfreies Anfahren. Die Anpreßplatte der Kupplungsdruckplatte muß zunächst gegen den Federdruck der Belagfederung die Kupplungsscheibe gegen das Schwungrad pressen. Da sich dieser Druck langsam aufbaut und den Einkuppelvorgang verlängert, kann durch das Schleifen der Scheibe die Getriebedrehzahl der Motordrehzahl mit Verzögerung angepaßt werden. Neben dem ruckfreien Anfahren sind ein günstigeres Verschleißverhalten, ein besseres Tragbild und damit verbunden, eine gleichmäßigere Wärmeverteilung weitere Vorteile der Belagfederung.
Man unterscheidet im wesentlichen vier Belagfederungsarten (von links nach rechts):
Die Einfachsegmentfederung, bei der die Beläge auf beiden Seiten auf dünne, gewölbte Segmente aufgenietet werden, die ihrerseits mit der Mitnehmerscheibe vernietet sind. Vorteile sind das kleine Schwungmoment der Scheibe und die leichtere Dosierbarkeit der Federung.
Bei der Doppelsegmentfederung werden die Beläge auf zwei aufeinanderliegende und entgegengesetzt wirkende Segmente aufgenietet. Die Segmente sind wie bei der Einfachsegmentfederung an der Mitnehmerscheibe vernietet. Dem Vorteil der besseren Ausnützung des vorhandenen Federweges stehen die Nachteile eines größeren Schwungmomentes und eines höheren Preises gegenüber.
Die Lamellenfederung ist die gebräuchlichste Ausführung. Das Trägerblech der Beläge ist am Außenrand, wo der Belag aufliegt, geschlitzt und gewellt. Sie entspricht in ihrer Wirkungsweise im wesentlichen der Einfachsegmentfederung und wird hauptsächlich dort angewendet, wo für die Vernietung der Einfachsegmente am Trägerblech kein Platz ist. Bei höher belasteten Kupplungsscheiben muß das vergleichsweise dünne Trägerblech im Bereich des Torsionsdämpfers durch eine zweite Gegenscheibe verstärkt werden.

Kupplungsscheibe: Bauteile, Torsionsdämpfung und Belagfederung

Kupplungsscheibe mit 2-stufigem Torsionsdämpfer, integriertem Vordämpfer und variabler Reibeinrichtung.

Torsionsdämpfer

Einfache Reibeinrichtung mit Tellerfeder zur Reibungskonstanz, 2-stufiger Torsionsdämpfer.

Einfache Reibeinrichtung mit 2 Reibringen und Tellerfeder zur Reibungskonstanz, 2-stufiger Torsionsdämpfer.

Verdrehwinkelabhängige, 3-stufige Reibeinrichtung, 2-stufiger Hauptdämpfer, 2-stufiger separater Vordämpfer.

1. Kupplungsbelag
2. Belagniet
3. Federsegment
4. Segmentniet
5. Wuchtniet
6. Anschlagbolzen
7. Tellerfeder, Federscheibe
8. Reibring
9. Stützscheibe
10. Vordämpferfeder 1. Stufe
11. Vordämpferfeder 2. Stufe
12. Hauptdämpferfeder 1. Stufe
13. Hauptdämpferfeder 2. Stufe
14. Abstandsniet
15. Nabe
16. Innennabe
17. Mitnehmerscheibe
18. Gegenscheibe
19. Nabenflansch
20. Lastreibscheibe
21. Nabenscheibe
22. Zentrierbüchse
23. Federhalteblech
24. Vordämpferflansch
25. Vordämpfergegenscheibe

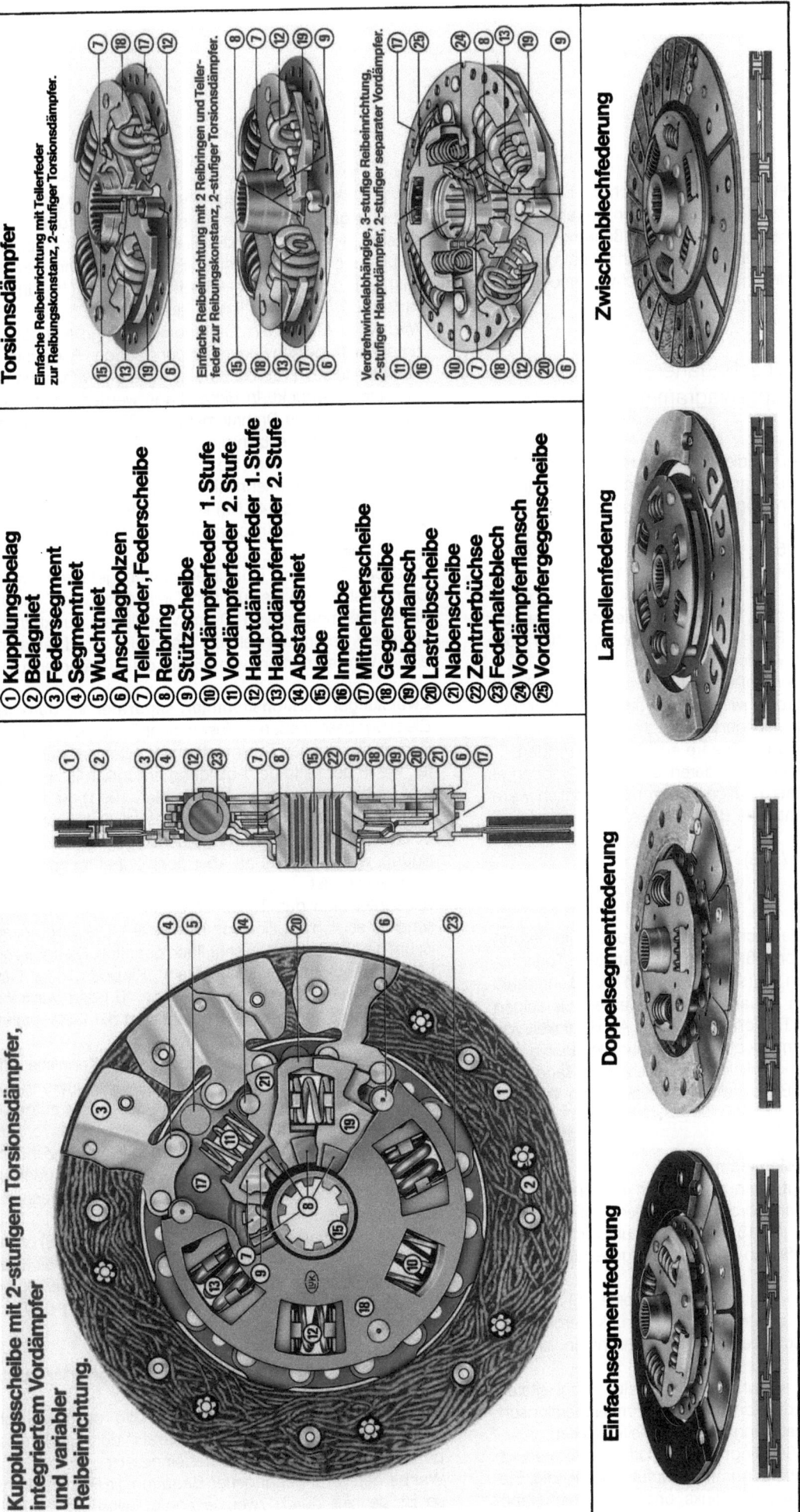

Zwischenblechfederung

Lamellenfederung

Doppelsegmentfederung

Einfachsegmentfederung

Bild 25

Die Zwischenblechfederung wird hauptsächlich für schwere Nutzfahrzeuge eingesetzt. Die segmentartigen, gewellten Federbleche sind auf einer Seite des bis zum Außenrand durchgehenden Trägerbleches aufgenietet. Sie wirken deshalb auch nur in einer Richtung. Nachteilig ist das große Schwungmoment der Scheibe.

2.3 Kupplungsscheibe: Bauarten, Torsionsdämpfungsdiagramme

2.3.1 Aufgaben

Die Kupplungsscheibe hat die prinzipielle Aufgabe, als Reibpartner zwischen Schwungrad und Anpreßplatte das Antriebsmoment zur Getriebeeingangswelle weiterzuleiten.
Die Hauptbauteile sind:
− Mitnehmerscheibe (15)
− paarweise aufgenietete Kupplungsbeläge (1)
− Nabe mit Profil (14)

Wie bereits im Bild 26 gezeigt, hat die Mitnehmerscheibe darüber hinaus aber noch eine Reihe weiterer Aufgaben, die hier noch einmal kurz wiederholt werden:
− Sie muß einen weichen Anfahrvorgang und schnelles Schalten ermöglichen, Motorschwingungen vom Getriebe fernhalten und so auch Getriebegeräusche, die durch zu Schwingungen angeregte Zahnradpaare entstehen, vermeiden.
− Diese Zusatzaufgaben, ohne deren Lösung ein modernes Kraftfahrzeug in seiner heutigen Form nicht möglich wäre, erfordern einige zusätzliche Bauelemente, und zwar:
  − Belagfederung (3)
  − Torsionsdämpfer (7−13)

2.3.2 Bauarten

Die Bauarten werden, je nach Fahrzeugtyp und Anforderung ausgewählt. Die Funktion läßt sich in sogenannten „Torsionsdämpfungsdiagrammen" darstellen, wie sie im Bild 26 unterhalb der drei demonstrierten Bauarten gezeigt werden. Sie zeigen den Verdrehwinkel des Torsionsdämpfers in Abhängigkeit von dem auftretenden Drehmoment. Die strichpunktierte Linie gibt die theoretische Verdrehkennlinie an, das gerasterte Band zeigt die Hysterese, also die Bandbreite der tatsächlichen Verdrehkennlinie.

2.3.3 Zweistufiger Torsionsdämpfer

Die linke Abbildung zeigt einen zweistufigen Torsionsdämpfer. In den vier tangential angeordneten Fenstern befinden sich Schraubendruckfedern (12,13) mit zwei unterschiedlichen Federraten für die zwei Stufen. Die einander gegenüberliegenden Federn sind gleich.
Der zwischen Mitnehmer- (15) und Gegenscheibe (16) liegende Nabenflansch (17) ist gegen den Federdruck verdrehbar. Mitnehmer- und Gegenscheibe sind mit den Anschlagbolzen (6) fest verbunden.
Ein über die Mitnehmer- und Gegenscheibe eingeleitetes Drehmoment wird über die Torsionsfedern zum Nabenflansch und damit auf die Getriebeeingangswelle weitergeleitet.
Da Federn alleine keine Schwingungen absorbieren können, ist eine zusätzliche Reibeinrichtung als Dämpfung notwendig. Sie setzt sich zusammen aus den links und rechts der Nabe liegenden Reibringen (8), der Stützscheibe (9) und der Tellerfeder (7), die über die gesamte Lebensdauer eine konstante Reibung garantieren. Die Tellerfeder drückt über eine Stützscheibe (9) auf den rechten Reibring und weiter über die feste Verbindung von Gegenscheibe (16) zu Mitnehmerscheibe (15) auch auf den zwischen Mitnehmerscheibe (15) und Nabenflansch (17) liegenden linken Reibring.
Wird vom Motor ein Drehmoment eingeleitet, so werden zunächst die beiden Federn mit der niedrigen Federrate, also die Dämpferstufe 1 (12), bis zu einem Verdrehwinkel von 4 Grad zusammengedrückt. In dieser Lage werden sie im gezeigten Beispiel mit einem Drehmoment von 20 Nm beaufschlagt.
Ab diesem Punkt setzen die beiden Federn (13) der Dämpferstufe 2 zusätzlich ein. Sie bewirken einen steileren linearen Anstieg der Verdrehkennlinie bis zum Anschlag, der bei 8 Grad Verdrehwinkel und 140 Nm liegt. Die Torsionsdämpfer sind so ausgelegt, daß das Anschlagmoment deutlich über dem Motormoment liegt.
Wird das Fahrzeug im Schiebebetrieb gefahren, wirkt die 1. Dämpferstufe (12) bis zu einem Drehwinkel von 7 Grad, gleich einem Drehmoment von 40 Nm. Von diesem Punkt an wirkt bis zu einem Verdrehwinkel von maximal 8 Grad, entsprechend einem Verdrehmoment von 65 Nm die 2. Dämpferstufe (13).

Zweistufiger Torsionsdämpfer, separater Vordämpfer

Die zuvor beschriebenen Zusammenhänge gelten auch für die Bauart zweistufiger Torsionsdämpfer mit separatem Vordämpfer, wie in der Mitte der Abbildung ersichtlich ist. Hinzugekommen ist hier der separate Vordämpfer (10,11). Er wurde früher vor allem bei Dieselfahrzeugen eingesetzt. Durch den intensiven Leichtbau und der damit verbundenen geringen Schwingungstilgung, wird diese Bauart aber auch zunehmend für Ottomotoren verwendet.
Betrachtet man das Torsionsdämpfungsdiagramm, so unterscheidet es sich deutlich von dem ersten. Die Verdrehkennlinie ist um die Nullage herum sehr flach gehalten. Dies soll vor allem bei Dieselmotoren im Leerlauf ein „Klappern" der Getriebezahnräder verhindern. Erst bei knapp 10 Grad Verdrehwinkel und sehr geringem Verdrehmoment setzt die 1. Hauptstufe (12) ein.
Der Vordämpfer (10, 11), der die flache Kennlinie um den Nullpunkt herum erzeugt, ist bei dieser Kupplungsscheibe separat in der Mitnehmerscheibe und der darauf aufgenieteten Vordämpfergegenscheibe (20) eingesetzt. Der Vordämpferflansch (18) ist mit der Nabe verbunden. So muß zunächst die Vordämpferstufe bis an den Anschlag verdreht werden bis der oben beschriebene Mechanismus der Hauptdämpferstufen (12, 13) einsetzt.
Diese Kupplungsscheibe hat einen Reibring (8) zwischen Nabenflansch (17) und Gegenscheibe (16). Die Reibkraft wird von zwei Federelementen erzeugt, die sich zwischen Nabe und Gegenscheibe und zwischen Nabenflansch (17) und Mitnehmerscheibe (15) befinden.

2.3.4 Zweistufiger Torsionsdämpfer, integrierter Vordämpfer, variable Reibeinrichtung

Bei der rechts dargestellten Ausführung befinden sich die Vordämpferfedern (10, 11) nicht separat in der Kupplungsscheibe, sondern sind in Federfenster eingesetzt.
War bei den vorangegangenen Bauarten die Reibung konstant, so ist sie hier durch zwei getrennte Reibringe (8) mit zwei dazugehörigen Tellerfedern (7) variabel. Einer wirkt in der 1.

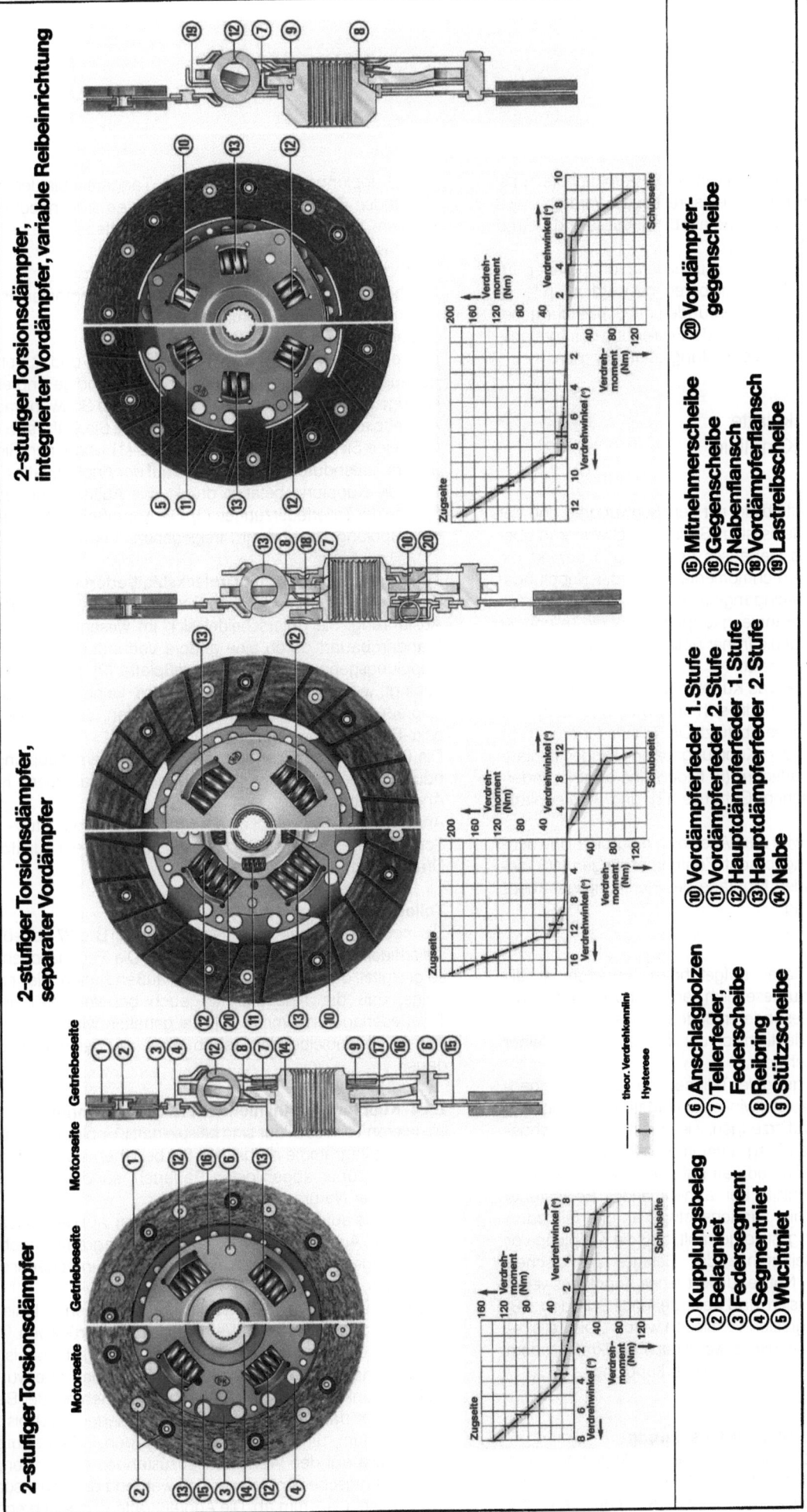

Bild 26

Hauptdämpferstufe und der zweite in der 2. Hauptdämpferstufe. Sie setzen erst ein, wenn der entsprechende Verdrehwinkel erreicht wird (5 Grad bzw. 8,5 Grad auf der Zugseite und 1 Grad bzw. 7 Grad auf der Schubseite).
Die Torsionskennlinie und die Reibungsdämpfung können für einen Fahrzeugtyp nicht im voraus berechnet werden. Umfangreiche Abstimmungsversuche, verbunden mit Schwingungsberechnungen am Fahrzeug sind für die Festlegung der Torsionskennlinien und der Reibungsdämpfung unumgänglich.

2.4 Kupplungsdruckplatte: Bauarten und Kennlinie

2.4.1 Aufgaben
Die Kupplungsdruckplatte bildet mit dem Schwungrad und der Kupplungsscheibe ein Reibsystem. Sie ist am Schwungrad über die Verschraubung des Gehäuses befestigt und bewirkt die Weiterleitung des Motordrehmomentes über die Kupplungsscheibe an die Getriebeeingangswelle. Eines der wichtigsten Bauelemente moderner Fahrzeugkupplungen ist die Tellerfeder (3) (siehe Bild 27). Sie hat die früher üblichen Schraubenfedern im Pkw fast vollständig ersetzt.
Weitere wichtige Bauteile: Das Kupplungsgehäuse (1) dient als Träger für die Tellerfeder (3), die sich über Bolzen (5) und/oder Ringe (4) auf dem Gehäuse abstützt. Die Tellerfeder drückt die Anpreßplatte (2) gegen den Kupplungsbelag. Tangentialblattfedern oder Dreiecksblattfedern (8) bilden eine axial veränderliche Verbindung zwischen Gehäuse (1) und Anpreßplatte (2).
Die Wuchtbohrung (9) wird zum Ausgleich möglicher Unwuchten der Anpreßplatte angebracht. Zentrierbohrungen (10) dienen der exakt fluchtenden Montage des Kupplungsgehäuses (1) auf dem Schwungrad.

2.4.2 Tellerfeder
Zentrales Bauelement aller aufgeführten Bauarten ist die Tellerfeder. Sie im Aufbau wesentlich flacher und leichter als die Schraubenfeder. Von besonderer Bedeutung ist die Kennlinie der Tellerfeder, die sich deutlich von der linearen Kennlinie einer Schraubenfeder unterscheidet.
Durch die gezielte Auslegung der Tellerfederaußen- und -innendurchmesser, Stärke, Aufstellwinkel und Materialhärtung läßt sich ein Kennlinienverlauf erzeugen, wie er mittels der durchgezogenen Kurve im linken Diagramm im Bild 27 dargestellt ist. Während die erzeugte Anpreßkraft bei einer Schraubenfederkupplung durch Verschleiß bei abnehmender Belagstärke linear abfällt, steigt sie hier zunächst etwas an und fällt dann wieder ab. Die Auslegung ist so gewählt, daß die Kupplung vor Erreichen der Verschleißgrenze des Belages zu rutschen beginnt. Damit wird die Notwendigkeit eines Kupplungswechsels so rechtzeitig signalisiert, daß weitergehende Schäden z. B. durch einlaufende Belagnieten vermieden werden. Die Tellerfederkennlinie zeigt, daß hier die notwendigen Pedalkräfte zudem geringer sind als bei der Schraubenfederkupplung.

2.4.3 Bauarten
Tellerfederkupplung in Standardausführung
Die linke Grafik im Bild 27 zeigt eine Tellerfederkupplung in der Standardausführung. Das Gehäuse (1) umschließt Tellerfeder (3) und Anpreßplatte (2) vollständig. Die Anpreßplatte ist mit dem Kupplungsgehäuse (1) über Tangentialblattfedern (7) verbunden. Sie sind an der Anpreßplatte an drei angegossenen Nocken angenietet. Die Tangentialblattfedern haben drei wesentliche Funktionen:
1. Abhub der Anpreßplatte beim Auskuppeln.
2. Übertragung des anfallenden Motordrehmomentes vom Gehäuse auf die Anpreßplatte.
3. Zentrierung der Anpreßplatte.

Die Tellerfeder ist so zwischen Anpreßplatte (2) und Kupplungsgehäuse (1) eingespannt, daß sie die notwendige Anpreßkraft erzeugt, um die Kupplungsscheibe zwischen Schwungrad und Anpreßplatte kraftschlüssig einzuspannen. Sie stützt sich dabei über eine Sicke im Kupplungsgehäuse (1) und einen Ring (4) ab. Am Außendurchmesser liegt sie auf der Anpreßplatte (2) auf. Wird die Kupplung betätigt, drückt das Ausrücklager auf die Spitzen der Tellerfederzungen (3): Die Anpreßplatte hebt ab und die Kupplungsscheibe wird freigegeben.

Tellerfederkupplung mit Dreiecksblattfederung
Zunächst betrachten wir die rechts im Bild 27 dargestellte Ausführung. Sie unterscheidet sich im wesentlichen von der Standardbauart durch eine andere Verbindungsart zwischen Kupplungsgehäuse (1) und Anpreßplatte (2). Da hier bauartbedingt, wegen des Topfschwungrades, keine Nocken an der Anpreßplatte angebracht werden konnten, wurde eine Dreiecks-Blattfederanordnung gewählt.
Die Blattfedern sind an beiden Enden mit dem Kupplungsgehäuse vernietet, jeweils in der Mitte der Blattfedern ist die Anpreßplatte befestigt.
Anstelle der Deckelsicke als gehäuseseitiges Stütz- und Schwenklager für die Tellerfeder (3) wird hier ein zusätzlicher Drahtring (4) verwendet.

Tellerfederkupplung mit Federlaschen
Die modernste Bauart ist die in der Mitte vom Bild 27 abgebildete Tellerfederkupplung mit Federlaschen. Die Federlaschen sind so gestaltet, daß die Bolzen (5) nach außen ziehen. Dies hat zur Folge, daß die Tellerfeder (3) auch bei Verschleiß in der Tellerfederlagerung immer spielfrei gehalten wird.
Vorteil: Gleichbleibender Abhub über die gesamte Lebensdauer.

2.4.4 Kupplungskennlinien und Kraftdiagramme
Im unteren Teil des Bildes sind beispielhaft Kupplungskennlinien und Kraftdiagramme dargestellt. Sie beziehen sich nicht direkt auf die darüber abgebildeten Bauarten, sondern sind allgemeingültiger Natur.
Jeweils links aufgetragen ist die Kraft, unten, auf der Abszissenachse der Ausrückweg, bzw. im linken Diagramm auch der Ausrücklagerweg, und auf der rechten Ordinatenachse der Abhub der Anpreßplatte.
Das linke Diagramm zeigt mit der durchgezogenen Linie den Verlauf der Anpreßkraft im Verhältnis zum Ausrückweg.
Im Zustand einer neu montierten Kupplungsscheibe ist die Position maximaler Federkraft der Tellerfeder überwunden (Betriebspunkt der neuen Kupplung). Mit abnehmender Belagstärke steigt dann die Anpreßkraft der Tellerfeder (2) bis zum Kraftmaximum, um dann bis zur zulässigen Belagabnutzung wieder etwa auf den Wert des Neuzustandes abzusinken.
Die Kupplungsscheibenstärke nimmt während der Lebensdauer etwa 1,5 mm bis 2 mm ab. Die Anpreßkräfte sind so berechnet,

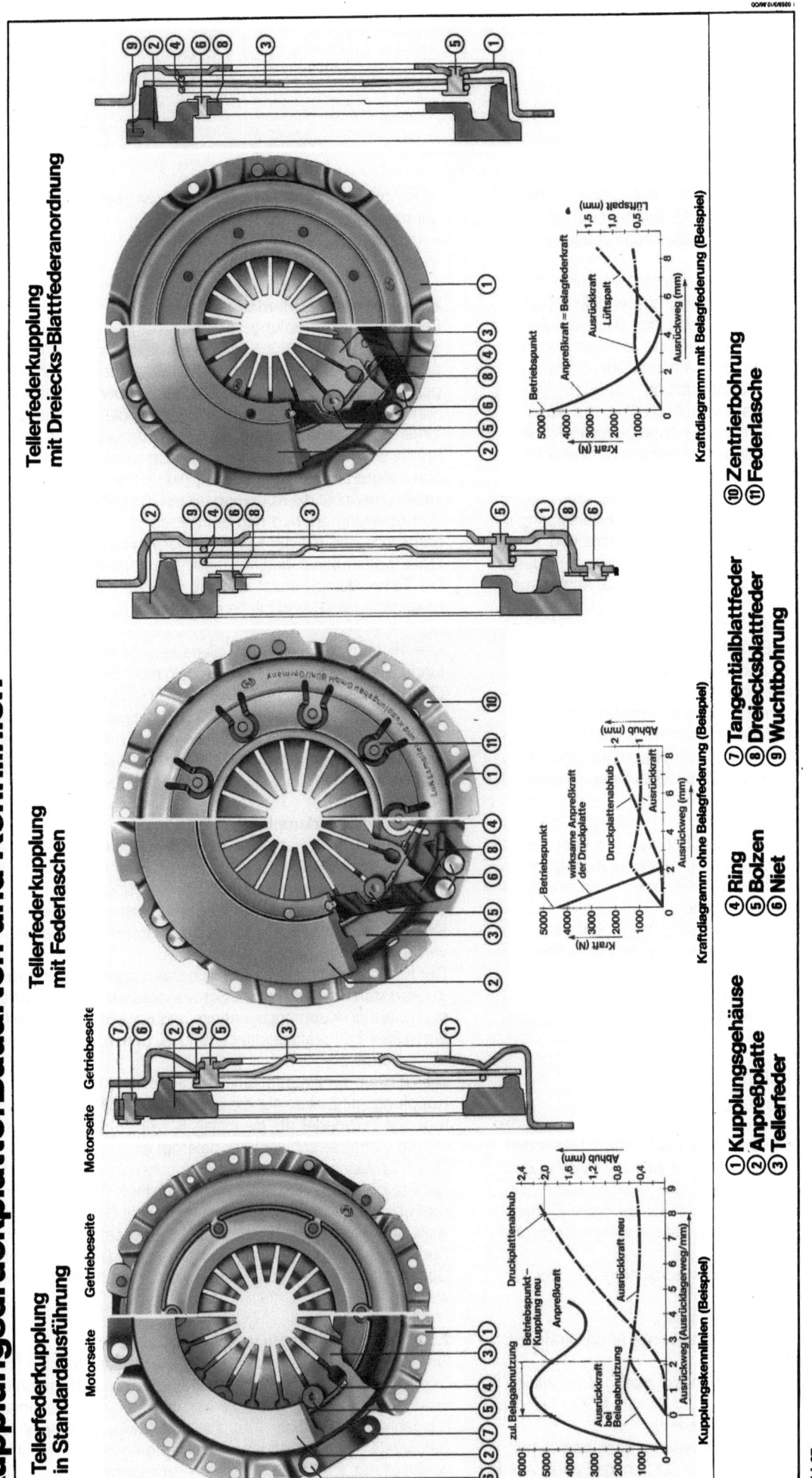

Bild 27

daß die Kupplung zu rutschen beginnt, kurz bevor die Nieten der Kupplungsbeläge an die Anpreßplatte oder an das Schwungrad anlaufen und damit zusätzlichen Schaden anrichten.

Die strichpunktierte Linie zeigt den Verlauf der Ausrückkraft, also der zum Betätigen der Kupplung notwendigen Kraft im Neuzustand und – punktiert – nach der Belagabnutzung. Zunächst steigt die Ausrückkraft an, bis der Betriebspunkt erreicht wird, um dann wieder langsam abzusinken. Die Kurve für die Ausrückkraft bei Belagabnutzung wurde zur Veranschaulichung des Verhältnisses von Anpreßkraft zu Ausrückkraft nach links gerückt. Der höheren Anpreßkraft im Betriebspunkt bei verschleißenden Belägen stehen entsprechend höhere Ausrückkräfte gegenüber.

Die gestrichelte Linie zeigt den Verlauf des Druckplattenabhubs über dem Ausrücklagerweg. Hier wird die Hebelübersetzung in der Kupplung deutlich: 8 mm Ausrückweg entsprechen 2 mm Abhub, also einem Übersetzungsverhältnis von 4:1. Dieses Verhältnis gilt analog auch für die oben angeführte Anpreß- und Ausrückkraft.

Beim mittleren und rechten Diagramm sind Messungen an Kupplungen ohne und mit Berücksichtigung der Belagfederung der Kupplungsscheibe einander gegenübergestellt. Bereits im Begleittext zu Bild 25 wurden die Vorteile einer Belagfederung – wie weiches Einkuppeln und günstigeres Verschleißverhalten – erwähnt. Ohne eine Belagfederung fällt die wirksame Anpreßkraft (durchgezogene Linie) beim Auskuppeln linear und relativ steil ab. Umgekehrt steigt sie beim Einkuppeln genauso steil und plötzlich an.

Im rechten Diagramm hingegen erkennt man, daß der zur Verfügung stehende Ausrückweg, über den die Anpreßkraft nachläßt, etwa doppelt so groß ist. Umgekehrt steigt beim Einkuppeln die Anpreßkraft langsam in einer Kurve an, da ja zunächst die Belagfedern zusammengedrückt werden müssen. Durch den sanfteren Auslauf bzw. Anstieg der Anpreßkraftkurve (strichpunktierte Linie) wird auch die ausgeprägte Kraftspitze bei der benötigten Ausrückkraft abgebaut. Solange die Anpreßplatte (2) noch auf der Kupplungsscheibe anliegt, entsprechen sich Anpreßkraft und Belagfederkraft.

2.5 Kupplungsdruckplatte: Bauarten mit Einbauschema

Im Fahrzeugbau werden heute fast ausschließlich Tellerfederkupplungen verwendet. Die früher häufig anzutreffenden Schraubenfederkupplungen sind aufgrund einer Reihe von Nachteilen, vor allem wegen ihres erheblich größeren Einbauraumes und dem höheren Gewicht, praktisch völlig verschwunden.

Die wichtigsten Vorteile der Tellerfederkupplung gegenüber der Schraubenfederkupplung sind:
- unempfindlich gegen hohe Drehzahlen,
- trotz nur kleiner Bauhöhe erreicht man hohe Anpreßkräfte bei niedrigen Ausrückkräften,
- die Tellerfederzungen übernehmen gleichzeitig die Funktion der Ausrückhebel,
- weniger verschleißanfällige Einzelteile.

Für den Fahrer macht sich die Tellerfeder deutlich bemerkbar, da er durch die niedrigere Ausrückkraft nur geringe Pedalkräfte aufbringen muß.

Je nach Aufbau bzw. Betätigungsart der Kupplung unterscheidet man die:
- gezogene Tellerfederkupplung
- gedrückte Tellerfederkupplung

2.5.1 Gezogene Tellerfederkupplung

Bei der linken Kupplung im Bild 28 handelt es sich um eine Sonderkonstruktion für VW Golf und Jetta. Von den Auflagepunkten der Tellerfeder aus betrachtet handelt es sich um eine gezogene Kupplung – durch ihre, gegenüber dem gewohnten Schema umgedrehte Einbauweise kann die Betätigung allerdings nur durch Drücken erfolgen. Normalerweise geht der Kraftfluß von der Kurbelwelle auf das direkt angeflanschte Schwungrad und dann auf Kupplung und Getriebe. Hier ist jedoch zunächst die Kupplung mit der Kurbelwelle verschraubt. Das Schwungrad wird nach Einsetzen der Kupplungsscheibe aufgesetzt und mit der Kupplung verbunden.

Diese Konstruktion bedingt folgenden Aufbau der Kupplung: Die Tellerfeder (3) stützt sich mit dem Außenrand am Kupplungsgehäuse (1) und mit dem Innenrand auf der Anpreßplatte ab.

Eine Richtungsumkehr der Tellerfeder, wie bei Standardkupplungen, findet dabei beim Auskuppeln nicht statt. Die Tellerfeder (3) wird einfach über den Druckteller (11) abgehoben, der in die Tellerfederspitzen eingelegt ist. Das Betätigen des Drucktellers erfolgt über eine Druckstange, die in der hohlen Getriebeeingangswelle gelagert ist und bis an das Getriebeende reicht, wo sich Ausrücklager und Ausrückhebel befinden.

2.5.2 Tellerfederkupplung LuK TS

Bei der Tellerfederkupplung LuK TS handelt es sich um eine gedrückte Kupplung. Die Besonderheit dieser Kupplung besteht im hohen Integrationsgrad der Kupplung und des Schwungrades. Die Polygonnabe (15) der Kupplung ist zusammen mit der Keilriemenscheibe auf die mit entsprechendem Gegenprofil versehene Kurbelwelle aufgeschraubt.

Der Kraftfluß geht zunächst durch das Kupplungsgehäuse (1) in das daran festgeschraubte Schwungrad. Die Anpreßplatte (2) sitzt zwischen Kupplungsgehäuse und Kupplungsscheibe (14). Sie ist über Tangentialblattfedern (7) mit dem Kupplungsgehäuse verbunden.

Die Nocken der Anpreßplatte (2) ragen durch Öffnungen des Kupplungsgehäuses. Auf diesen Nocken stützt sich die außen liegende Tellerfeder ab, die mittels Bolzen (5) und Drahtringen (4) am Gehäuse schwenkbar befestigt ist.

Das Ausrücklager ist auf dem zylindrischen Außendurchmesser der Polygonnabe verschiebbar angeordnet. Das Drehmoment wird über die Kupplungsscheibe (14) auf die Getriebeeingangswelle übertragen, die als Hohlwelle ausgebildet ist und auf dem Kurbelwellenstumpf – zwischen Kupplung und Motor – sitzt. Das Getriebe konnte dadurch in die Ölwanne des Motors integriert werden.

2.5.3 Tellerfederkupplung mit Stützfeder

Eine Spezialausführung stellt die Tellerfederkupplung mit Stützfeder dar. Die Stützringe sind hier vollständig ersetzt durch eine Sicke am Kupplungsgehäuse (1) und eine als Gegenlager ausgebildete Stützfeder (16). Hierdurch wird eine spiel- und verlustfreie Tellerfederlagerung mit automatischer Verschleißnachstellung erreicht. Ansonsten unterscheidet sich diese Bauart nicht von denen im Bild 28 dargestellten Bauarten.

Kupplungsdruckplatte: Bauarten mit Einbauschema

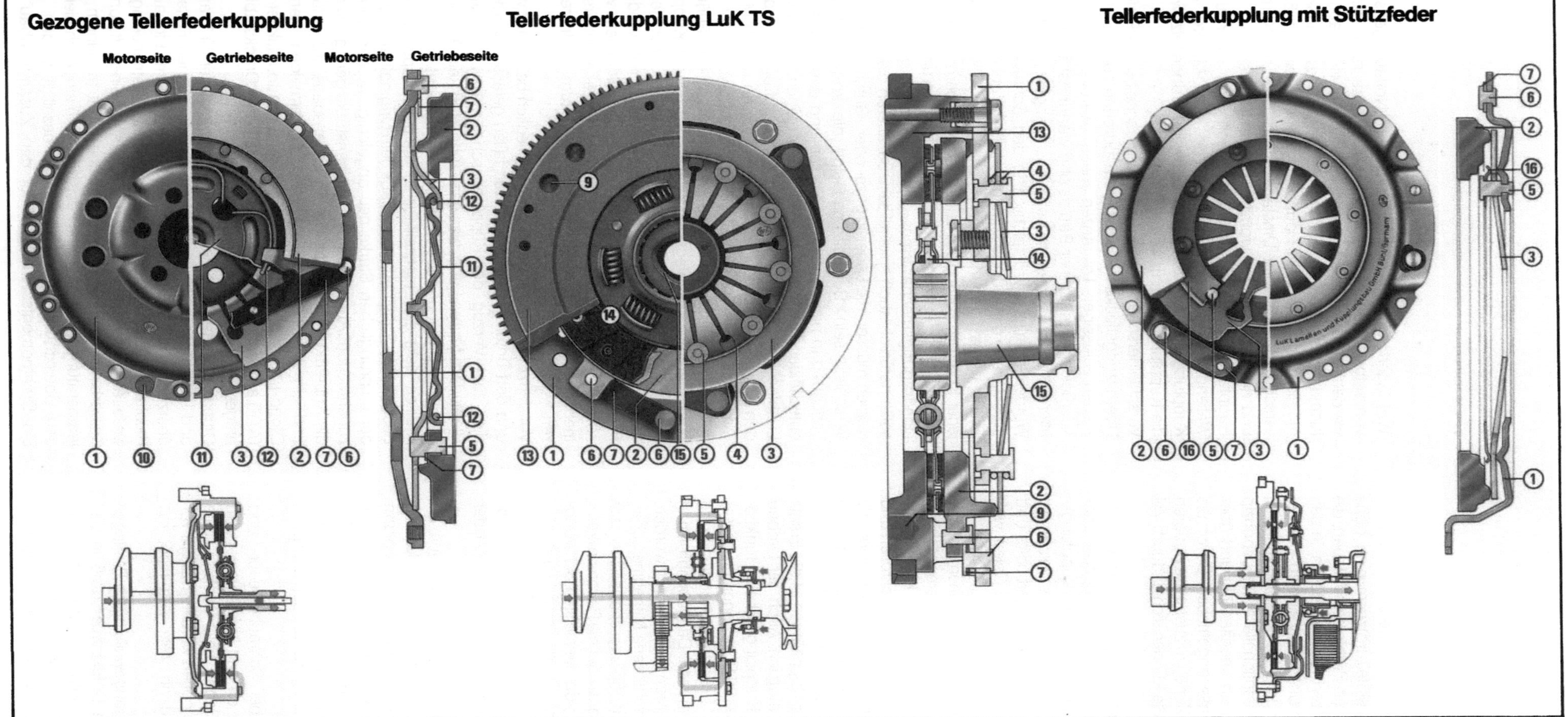

Gezogene Tellerfederkupplung

Tellerfederkupplung LuK TS

Tellerfederkupplung mit Stützfeder

① Kupplungsgehäuse
② Anpreßplatte
③ Tellerfeder
④ Ring
⑤ Bolzen
⑥ Niet
⑦ Tangentialblattfeder
⑧ Dreiecksblattfeder
⑨ Wuchtbohrung
⑩ Wuchtniet
⑪ Druckteller
⑫ Sicherungsring
⑬ Schwungrad
⑭ Kupplungsscheibe
⑮ Polygonnabe
⑯ Stützfeder

Bild 28

3 Analysieren und Beseitigen von Störungen

Kupplungen arbeiten im Verborgenen, sie werden mit Füßen getreten – und haben als Verschleißteil trotzdem eine hohe Lebenserwartung. Gleichwohl können Probleme entstehen, die oftmals auch dem Fachmann Kopfzerbrechen bereiten. In den meisten Fällen ist die Fehlerbestimmung relativ einfach, obwohl dazu Motor und Getriebe auseinandergebaut werden müssen, da bei ihnen ja noch das konventionelle Antriebsprinzip dominiert: Motor vorn, Getriebe daran angeflanscht und über die Gelenkwelle wird die Hinterachse angetrieben. Bevor Sie aber so weit gehen, sollten vor dem Zerlegen zuerst alle äußeren Bedienungsteile überprüft werden. Sie können sich dadurch viel unnötige Arbeit ersparen.

Die Einstellung von Zündung und Vergaser(n) sowie die Befestigung der (des) Ansaugkrümmer(s), wo Nebenluft eindringen kann, sind die häufigsten Ursachen, die einen Kupplungsdefekt vermuten lassen, obwohl keiner vorliegt. Das gleiche gilt für ausgeschlagene oder abgerissene Motor-Lagerböcke und beschädigte Hardyscheiben bzw. Kreuzgelenke der Gelenkwelle.

Der Fahrer hat infolge von Bedienungsfehlern oft einen nicht zu unterschätzenden Anteil an echten Kupplungsmiseren: Abstützen des linken Fußes während der Fahrt auf dem Kupplungspedal, Spiel mit der Kupplung am Berg, um ein Zurückrollen und die Benutzung der Handbremse zu vermeiden, Kavalierstarts und schnelles Durchreißen der Gänge beim Beschleunigen, all das läßt die Teile einer Kupplung rasch verschleißen.

Für Schraubenfeder- und Tellerfeder-Kupplungen ist der Ersatz der einzelnen Teile oft problemlos möglich. Auch der Umbau von starrer auf torsionsgedämpfte Kupplungsscheibe funktioniert in den meisten Fällen, wenn sowohl Scheibendurchmesser als auch Nabenverzahnung und der Freigang in Kupplung und Schwungrad bei Belagverschleiß stimmen. Da Nabenprofile in den USA schon in den zwanziger Jahren SAE-genormt wurden, ist ein Aufspüren von Ersatz für verschlissene Mitnehmerscheiben mit dem Engagement eines Kupplungsspezialisten fast immer möglich. Probleme gibt da schon eher die Rekonstruktion der ursprünglichen Belagstärke auf, da die meisten Schwungscheiben bereits nachgedreht oder -geschliffen wurden – oftmals ohne die Anschraubfläche der Kupplung (Anpreßplatte oder auch Automat bzw. Trennscheibe genannt) am Schwungrad um den gleichen Wert nachzuarbeiten wie die Anlauf- oder Reibfläche der Schwungscheibe.

Für die frühen Kupplungskonstruktionen lassen sich heute so gut wie keine Ersatzteile mehr finden. Sie müssen in der Regel in Einzelanfertigung hergestellt werden. Bei der Kegelkupplung sind dies zentrale Anpreßfeder und Reibkegel-Belag. Ist er aus Leder oder Kamelhaar, hilft nur der Gang zum Kürschner: Die Einstellung des richtigen Federdruckes und das Einfetten des Lederbelags mit Rizinusöl oder Tranfett gehört zu den normalen Arbeiten.

Die Hauptstörungsursache sind bei Schraubenfeder- und Tellerfeder-Kupplungen meist identisch und können erst nach der Demontage erkannt werden. Schon beim Ausbau sollte unbedingt die Einbaulage aller Teile notiert werden. Das gilt vor allem für die Kupplungsscheibe, denn viele sind nicht mit „Schwungradseite" o. ä. markiert.

Das Führungslager der Getriebeeingangswelle (auch Pilotlager genannt) ist zwar klein, bei einem Defekt aber groß in der Wirkung. Es sollte bei jedem Kupplungswechsel erneuert werden. Moderne Pilotlager sind gekapselt, d. h. dauergeschmiert. Ältere Ausführungen müssen vor dem Einbau noch in Wälzlagerfett gepackt werden. Damit die Notlaufeigenschaften von selbstschmierender Buchse aus Bronze noch verbessert werden, werden diese in warmes Getriebeöl eingetaucht.

Klemmt das Kupplungs-Führungslager, ist kein Auskuppeln möglich. Im Extremfall läuft das Lager heiß, „frißt" und verschweißt sich unter Umständen sogar mit der Kurbelwelle und der Getriebewelle, womit beide zerstört werden.

Hauptausfallursache von Kupplungen sind aber undichte Wellendichtungen, wodurch Getriebe- oder Motoröl auf die Kupplungsscheibe kommt, der Reibwert herabgesetzt wird und die Kupplung rutscht.

Verschleißerscheinungen der Schwungscheibe wie Riefen und Überhitzungsflecke müssen durch Abdrehen oder Schleifen bis zu den zulässigen Toleranzen entfernt werden.

Ausrücklager moderner Bauart sind wartungsfreie Kugellager, ältere Konstruktionen müssen noch abgeschmiert werden. Wurde Schmierfett zu reichlich in den Schmiernippel eingedrückt, kann dies auf die Mitnehmerscheibe gelangen. Weniger Fett ist daher oft mehr. Gleiches gilt für die Ausrückgabel. Bei jeder Kontrolle sollte diese auf Lagerspiel überprüft werden, da hierdurch der Ausrückweg der Kupplung verringert wird. Der Übertragungsmechanismus vom Pedal zur Kupplungsglocke sollte natürlich auch spielfrei sein. Bei älteren Gestängemechanismen müssen die Lager-Bronze- oder -Gummibüchsen ohne Verschleiß sein. Bei Seilzügen sind die korrekte, knickfreie Verlegung in nicht zu kleinen Radien und der Pedalanschlag entscheidend, während hydraulische Anlagen dicht und ohne Luftblasen im System, die sich zusammendrücken und damit den Ausrückweg verkleinern, arbeiten müssen. Bei der Montage wird oft übersehen, daß die Kupplungsscheibe nicht genau zentriert ist. Außerdem sollte beachtet werden, daß Fußmatten oder irgendein Anschlagbolzen die Bewegung des Kupplungspedals nicht eingrenzen. Hierzu sind spezielle Zentrierdorne notwendig, die entweder universell (verstellbar mit zylindrischer Pilotbuchse) oder nur für einen Fahrzeugtyp eingesetzt werden können. Alternativ läßt sich, wenn man ein zerlegtes Ersatzgetriebe hat, die eingehende Getriebewelle zum Zentrieren nutzen.

Vor dem Einbau muß die Kupplung pfleglich behandelt werden und darf unter keinen Umständen fallen gelassen werden, da dies zum Verzug der Kupplungsscheibe bzw. Knicken der Blattfedern führen kann, was dazu führt, daß kein Abhub mehr gewährleistet ist und die Kupplung nicht trennt.

Ähnlich sieht die Ersatzteillage für Lamellenkupplungen aus. Beschädigte Scheiben müssen aus dem Originalmaterial und in der ursprünglichen Stärke neu angefertigt werden, wenn mit zunehmender Abnutzung die Scheibenstärke geringer wird und die Anpreßkraft nachläßt. Um die Lebensdauer zu verlängern und ein „Fressen" der Lamellen zu vermeiden, kann bei Ölbad-Lamellenkupplungen eventuell auf Automatikgetriebeöl (ATF) als Schmiermittel – wegen dessen hoher Druckstabilität – umgestellt werden.

Oftmals sind auch die Reibflächen vom Hersteller für Transport und Lagerung gegen Korrosion mit einer dünnen Fettschicht überzogen. Es empfiehlt sich daher vor dem Einbau, die Reibflächen zu entfetten. Dagegen sollte die Getriebeeingangswelle an der Stelle, wo sie im Pilotlager eingreift, und die Keilverbindung der Mitnehmerscheibe leicht mit einem hochtemperaturfestem Fett (ohne Feststoffanteil) eingeschmiert werden. Überschüssige Fettreste müssen beseitigt werden.

Ein Drehmomentschlüssel ist für den Zusammenbau meist

unerläßlich, da viele Schrauben mit einem vorgegebenen Drehmoment angezogen werden müssen. Genauso wichtig ist, daß sich das Getriebe anschließend problem- und widerstandslos einschieben läßt. Oftmals wird der Fehler begangen, die letzten Zentimeter bis zum Anschlag des Getriebes an die Kupplungsglocke durch Anziehen der Getriebeschrauben mit Gewalt zu überbrücken, statt durch nochmalige Demontage der Ursache auf den Grund zu gehen.
Es ist darauf zu achten, ob die richtige Zuordnung – Fahrzeugtyp/Katalogaussage – getroffen wurde bzw. es sollten die Altteile mit den neuen Kupplungskomponenten verglichen werden.

4 Tips zur Vermeidung von Störungen am Kupplungssystem

4.1 Hauptstörursachen

Schwungrad
Als Reibpartner der Kupplungsscheibe ist das Schwungrad nach längerer Laufzeit der Kupplung oft deutlich gezeichnet. Riefen, Hitzeflecken oder Beulen deuten darauf hin, daß es „heiß herging".
Diese Spuren müssen unbedingt beseitigt werden. Wiederherstellung, d. h. das Abschleifen darf jedoch nur in den vorgeschriebenen Toleranzen erfolgen. Dabei ist darauf zu achten, daß auch die Anschraubfläche nachgearbeitet wird. Bei dieser Gelegenheit auch den Anlasserkranz überprüfen.

Pilotlager (Kupplungsführungslager)
Fingerhut-klein, aber bei Defekt groß in der Wirkung: Wenn es klemmt, ist kein Auskuppeln möglich. Es verursacht Geräusche und führt zu Winkelversatz und damit zur Zerstörung der Kupplungsscheibe.

Wellendichtungen
Sie können große Probleme hervorrufen. Geringe Fett- oder Ölspuren beeinträchtigen die Funktion der Kupplung erheblich. Ölspuren in der Kupplungsglocke oder auf der Kupplung signalisieren, daß unbedingt neu abgedichtet werden muß. Bei älteren Fahrzeugen mit hohem Kilometerstand sollten generell die Dichtungen erneuert werden. Hauptausfallursache der Kupplung sind nach wie vor undichte Wellendichtringe.

Kupplungsscheibe
Der Leichtbau im Auto macht auch vor der Kupplungsscheibe nicht halt. Die „abgemagerten Scheiben" reagieren auf rohe Behandlung mit Seitenschlag. Obwohl jede einzelne Scheibe im Werk auf Freigang geprüft wird, ist nicht auszuschließen, daß sie auf dem Weg in die Werkstatt einen „Schlag" abbekommen hat. Vor dem Einbau muß deshalb jede Scheibe auf Seitenschlag geprüft werden (max. 0,5 mm).

Ausrücklager
Eine Funktionsprüfung des Ausrücklagers in der Werkstatt ist nicht möglich. Deshalb muß es in jedem Fall ausgetauscht werden. Es muß ohne zu kanten leicht auf der Führungshülse gleiten. Es muß vorgeschriebenes Fett verwendet und das überschüssige Fett unbedingt abgestreift werden.

Ausrücklager für Doppelkupplungen
Die Gleitfläche für das große Lager zusätzlich überprüfen.

Ausrücklager-Führungshülse
Auf genauen Sitz prüfen. Die Führungshülse muß absolut zentrisch und genau parallel zur Getriebehauptwelle stehen. Druck- bzw. Verschleißstellen an der Hülse können das Gleiten des Ausrücklagers beeinträchtigen und zum Rupfen oder Rutschen der Kupplung führen.
Hinweis: Die Anlauffläche der Tellerfederspitzen verrät, ob die Zentrierung in Ordnung war.

Voll- und Hohlwelle
Lagerung und Dichtring zwischen Voll- und Hohlwelle überprüfen. Leichtgängigkeit beider Wellen muß gegeben sein.

Ausrückgabel
Lagerung auf Leichtgängigkeit überprüfen. Zuviel Lagerspiel vermindert den Ausrückweg der Kupplung. Ungleicher Verschleiß an den Mitnahmekuppen zum Ausrücklager führt zum Verkanten des Lagers und verhindert ein einwandfreies Gleiten.

Kupplungszug
Eine genaue Funktionsprüfung des Zuges in der Werkstatt ist nicht möglich. Da der Kupplungszug ein Verschleißteil darstellt, ist er bei jedem Kupplungswechsel zu erneuern.

Zentrierung
Darauf wird oft nicht geachtet.
Die Folge: Die Funktion der Kupplung ist direkt nach der Montage beeinträchtigt (rupft, trennt nicht). Zentrierung unbedingt am Schwungrad überprüfen.

4.2 Störursachen, die nicht unmittelbar mit der Kupplung in Verbindung stehen

Motor- bzw. Getriebeaufhängung
Eine zu weiche bzw. verschlissene Aufhängung von Motor und Getriebe kann Kupplungsrupfen zur Folge haben.

Motoreinstellung
Falsche Einstellung von Vergaser bzw. Einspritzpumpe sowie falsche Zündeinstellung können ebenso Rupfbeanstandungen hervorrufen wie schwergängige Vergaser- oder Einspritzpumpenbetätigung.

Winkelversatz/Parallelversatz
Winkelversatz zwischen Getriebe- bzw. Getriebeglocke und Motor führt nach kurzer Laufzeit zur Zerstörung der Scheibe (Belagfedersegmente gleichförmig abgebrochen). Bei der Montage muß auf richtige Zentrierung zwischen Motor und Getriebeglocke geachtet werden.

4.3 Überprüfung einer eingebauten Kupplung

Störungen, die nicht auf die Kupplungsdruckplatte, Kupplungsscheibe und das Ausrücklager zurückzuführen sind.

Der Ausrückweg ist zu gering.
Bei hydraulischen Systemen ist der Ausrückweg der Kolbenstange des Nehmerzylinders zu prüfen.
Prüfen, ob die Kolbenstange des Nehmerzylinders in ihre Ausgangsposition zurückgeht. Hydrauliksystem ggf. entlüften.

Bei gestängebetätigten Ausrücksystemen die Lagerungen überprüfen.
Der Austausch des Kupplungszuges gehört zum Umfang einer fachgerecht durchgeführten Kupplungsreparatur.
Wellendichtringe motor- und getriebeseitig überprüfen.
Schiefstand von Tellerfederzungen bzw. Ausrückhebeln, hervorgerufen durch Dicketoleranzen des Reibbelages, regulieren sich nach kurzer Einlaufzeit.
Achtung: Werkseitige Festeinstellung nicht verändern!
Führungshülse des Ausrücklagers auf Verschleiß prüfen und ggf. erneuern.
Schmiermittel bei der Montage des Ausrücklagers verwenden.

4.3.1 Überprüfung

Voraussetzung ist, daß die Kupplungskomponenten ihre Betriebstemperatur erreicht haben.

Aus diesem Grund ist vor der Überprüfung eine kurze Fahrstrecke mit einigen Kuppelvorgängen zurückzulegen.

Anschließend ist wie folgt zu verfahren:

– Handbremse anziehen
– direkten Gang einlegen
– in ausgekuppeltem Zustand den Motor auf eine Drehzahl von 3000 - 4000 1/min bringen
– schnell einkuppeln
– Die Motordrehzahl muß bei diesem Vorgang auf Null abfallen, d. h. der Motor geht aus – die Übertragungsfähigkeit des Kupplungsaggregates ist gewährleistet.

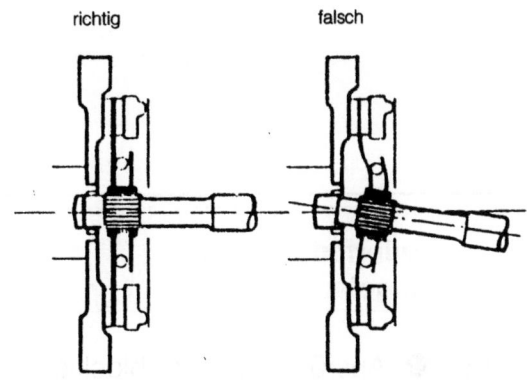

Bild 29 Winkelabweichung

5 Störungen am Kupplungssystem

Kupplung trennt nicht

1. Tellerfederspitzen gebrochen (Kadett D)

Ursache: ● Montagefehler
– Kupplung ohne Spezialwerkzeug (Halteklammern) unter Gewaltanwendung montiert

2. Tellerfederspitzen eingelaufen

Ursache:
● Ausrücklager hat blockiert
● Ausrücklager schwergängig
● Fehlendes Ausrücklagerspiel

3. Kupplungshebel gebrochen

Ursache:
● Außermittiges Anlaufen des Ausrücklagers
● Fehlendes Ausrücklagerspiel (Schwenkausrücker)
● Lagerung der Ausrückwelle defekt

Störungen am Kupplungssystem

Kupplung trennt nicht

4. Kupplungshebel abgeschliffen

Ursache:
- Fehlendes Ausrücklagerspiel
- Ausrücklager schwergängig

5. Schwenkbolzen gebrochen

Ursache:
- Fehlendes Ausrücklagerspiel
- Motor-Schwingungsdämpfer defekt
- Falsche Einstellung der Einspritzanlage

6. Hebelachse ausgewandert

Ursache:
- Motor-Schwingungsdämpfer defekt
- Drehschwingungen des Motors lösten Sicherung der Hebelachse
- Falsche Einstellung der Einspritzanlage

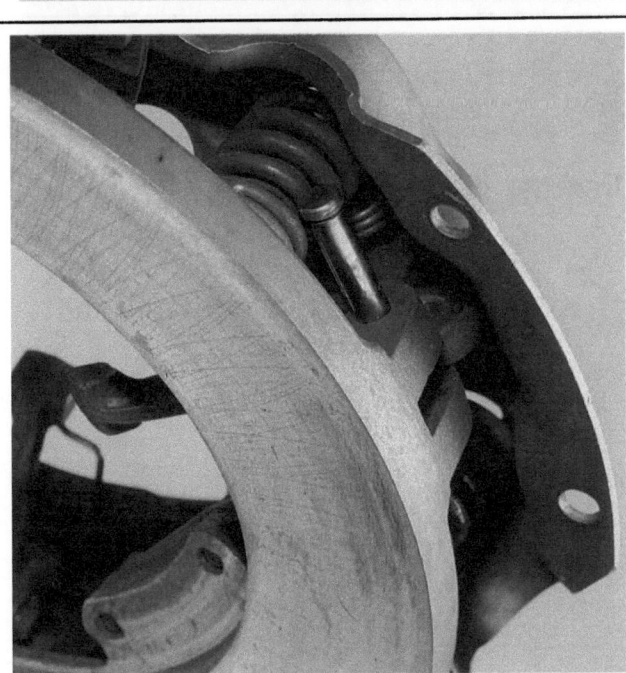

I   Kupplung trennt nicht

7. Anpreßplatte gebrochen

Ursache:
- Überhitzung der Anpreßplatte durch zu langes Schleifenlassen der Kupplung
- Rutschen der Kupplung durch verschlissene Beläge
- Ausrücksystem schwergängig
- Nehmerzylinder defekt
- Beläge verölt (defekter Wellendichtring)

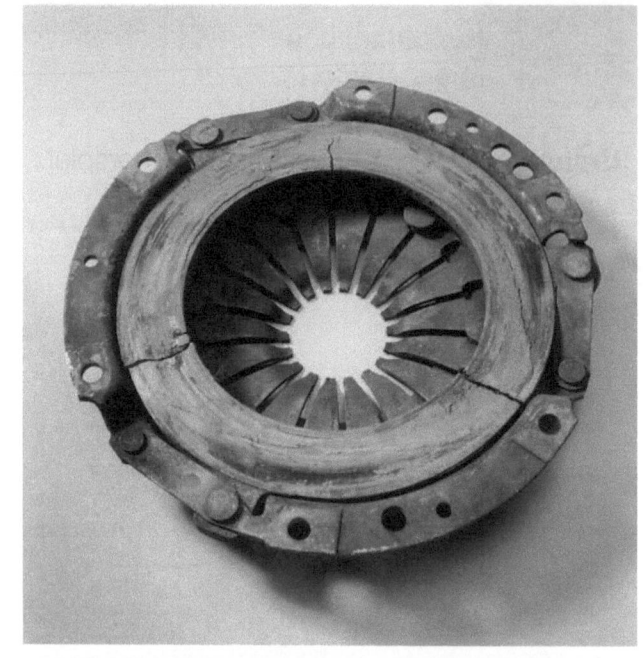

8. Kupplungsgehäuse am Zentriernocken verbogen (VW Käfer)

Ursache:
- Montagefehler
  - Innenzentrierung nicht beachtet
  - Befestigungsschrauben ungleichmäßig angezogen

9. Kupplungsgehäuse verzogen

Ursache:
- Montagefehler
  - Befestigungsschrauben ungleichmäßig angezogen
  - Zentrierstifte am Schwungrad nicht beachtet

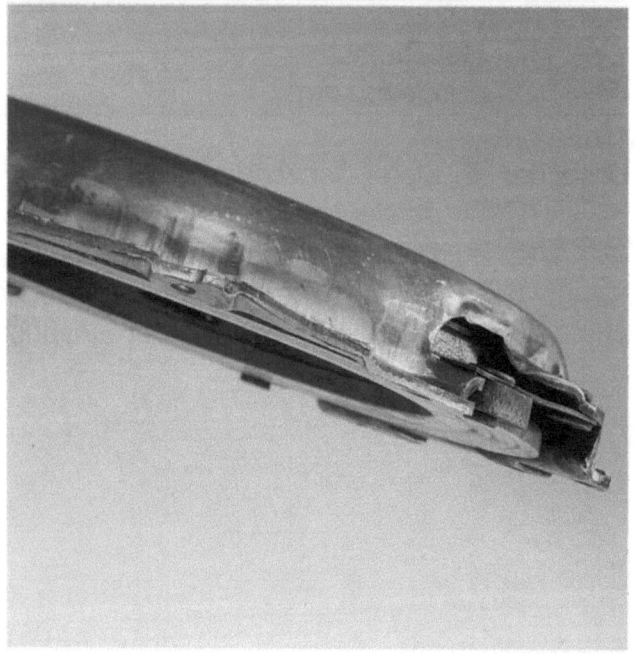

Kupplung trennt nicht | I

10. Kupplungsgehäuse verzogen (Opel)

Ursache: ● Montagefehler
- Unsachgemäßes Vorspannen der Kupplung mit Montageklammern

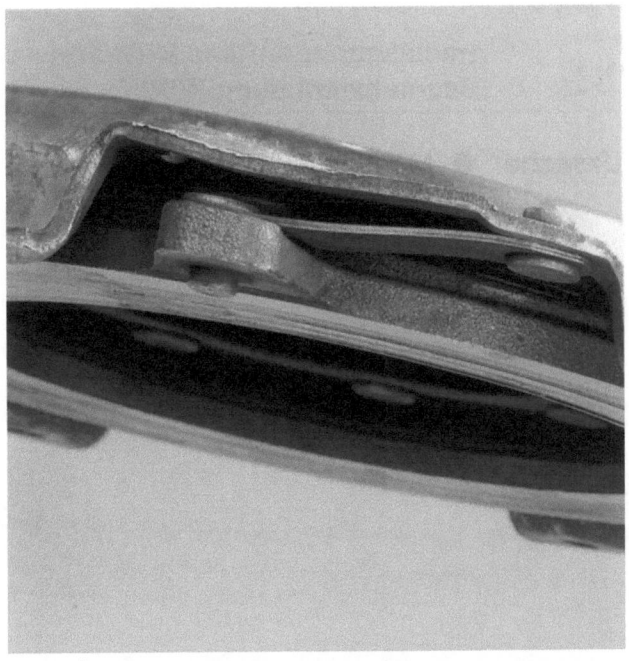

11. Kupplungsgehäuse verbogen (VW)

Ursache: ● Montagefehler
- Zentrierstifte am Schwungrad nicht beachtet

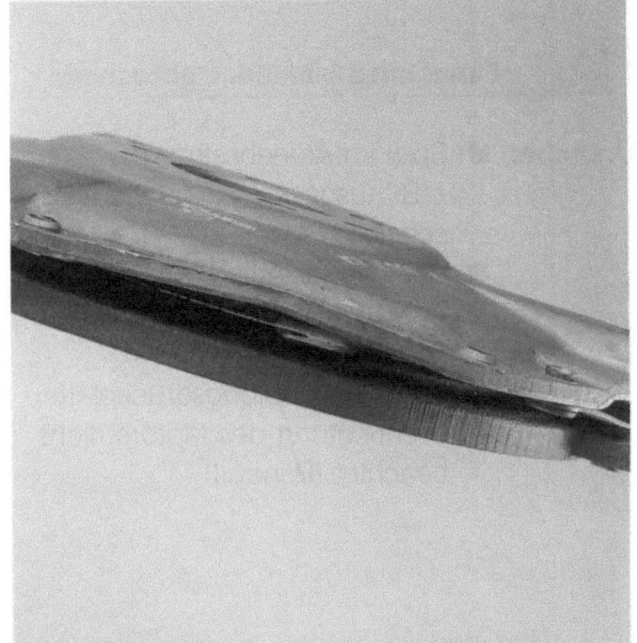

12. Gewinde an Anschraubbohrungen eingearbeitet, Blattfeder gebrochen (VW)

Ursache: ● Montagefehler
- Kupplungsschrauben nicht mit Sicherungsmittel eingesetzt
- Verstärkungsblech zwischen Kupplungsschrauben und Kupplungsgehäuse nicht montiert

I Kupplung trennt nicht

13. Anlaufspuren an den Nietköpfen der Segmentvernietung (VW)

Ursache:
- Montagefehler
  - Sicherungsring der Druckplatte falsch montiert
- Falscher Sicherungsring

14. Tangentialblattfeder gebrochen

Ursache:
- Spiel im Antriebsstrang
  - z. B. ausgeschlagene Hardyscheibe (BMW)
- Bedienungsfehler
  - Anschleppen im 1. oder 2. Gang
  - Schaltfehler
- Falsche Kupplungsdruckplatte
  - Drehrichtung des Motors nicht beachtet (Renault)

15. Tangentialblattfeder verbogen

Ursache:
- Spiel im Antriebsstrang
  - z. B. ausgeschlagene Hardyscheibe (BMW)
- Bedienungsfehler
  - Anschleppen im 1. oder 2. Gang
  - Schaltfehler
- Unsachgemäße Lagerung
  - Sturz der Kupplungsdruckplatte vor bzw. bei der Montage
- Falsche Arretierung beim Anschrauben der Kupplung

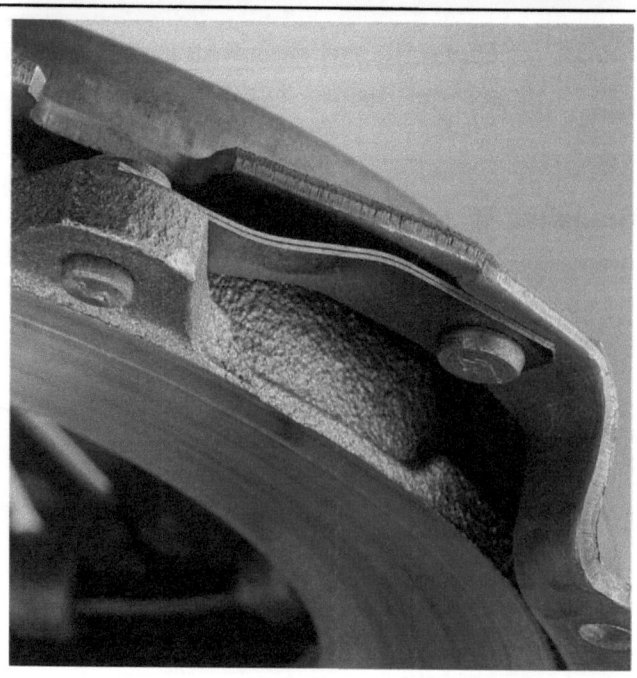

Störungen am Kupplungssystem

Kupplung trennt nicht | I |

16. Kippring der Tellerfeder fehlt

Ursache: ● Montagefehler
– Kippring wurde nach der Montage der Kupplung entfernt
Kippring ist keine Montagehilfe

17. Nabenprofil beschädigt

Ursache: ● Montagefehler
– Getriebewelle wurde unter Gewaltanwendung an die Nabenverzahnung der Kupplungsscheibe eingefädelt (Kupplungsscheibe wurde beim Einbau nicht zentriert)
● Falsche Kupplungsscheibe

18. Passungsrost (Flugrost) an der Nabe

Ursache: ● Getriebeeingangswelle nicht gefettet

I Kupplung trennt nicht

19. Nabenprofil einseitig ausgeschlagen, konisches Verzahnungsbild

Ursache:
- Pilotlager defekt
- Winkelversatz zwischen Motor und Getriebe

20. Anlaufspuren an der Nabe

Ursache:
- Montagefehler
  - Einbau der Kupplungsscheibe falsch
- Falsche Kupplungsscheibe

21. Belagträger tellerförmig

Ursache:
- Montagefehler
  - Beim Zusammenfahren von Getriebe und Motor wurde das Trägerblech durch die Getriebewelle verbogen

Störungen am Kupplungssystem

Kupplung trennt nicht | I

22. Belagträger tellerförmig, Cerasinter-Beläge verbrannt

Ursache:
- Cerasinter-Beläge wurden nicht eingefahren. Schlepper wurde nach der Kupplungsmontage sofort unter hoher Belastung gefahren.
- Hitzeverzug der Kupplungsscheibe durch thermische Überlastung

23. Belagträger einseitig gebrochen

Ursache:
- Montagefehler
  - Getriebe wurde bei der Montage abgesenkt

24. Belagträger gleichförmig gebrochen

Ursache:
- Defektes oder fehlendes Pilotlager
- Winkel- oder Parallelversatz zwischen Motor und Getriebe
- Getriebe wurde bei der Montage abgesenkt

Kupplung trennt nicht

25. Belag abgeplatzt

Ursache:
- Die Drehzahl der Kupplungsscheibe war höher als die Berstdrehzahl des Belages. Dieser Zustand tritt bei schiebendem Fahrzeug und getretener Kupplung auf, wenn die Geschwindigkeit des Fahrzeuges höher liegt als die entsprechende Höchstgeschwindigkeit des eingelegten Ganges. Dieser Schaden ist unabhängig von der Motordrehzahl, ausschlaggebend ist die Drehzahl der Getriebehauptwelle

26. Belag gebrochen

Ursache:
- Unsachgemäße Lagerung
- Sturz der Scheibe bei bzw. vor Montage

27. Belag verbrannt bzw. aufgelöst

Ursache:
- Verölte Beläge
- Defekter Wellendichtring
- Ausrücksystem schwergängig bzw. defekt
- Beim Nacharbeiten des Schwungrades wurde das Tiefenmaß nicht beachtet, bzw. die Anschraubfläche der Kupplung nicht bearbeitet

Störungen am Kupplungssystem

Kupplung trennt nicht

28. Belag festgerostet

Ursache: ● Fahrzeug wurde über einen längeren Zeitraum nicht bewegt (Wenn der Belag sich gelöst hat, muß die Kupplung in jedem Fall demontiert werden, damit weitere Schäden festgestellt werden können.)

29. Planlaufabweichung der Kupplungsscheibe (Seitenschlag)

Ursache: ● Kupplungsscheibe wurde vor dem Einbau nicht auf Seitenschlag geprüft (max. 0,5 mm zulässig) Vor Montage der Kupplungsscheibe ist diese auf Seitenschlag zu prüfen.

30. Anlaufhülse und Kugellager zerstört

Ursache: ● Überhitzung des Ausrücklagers als Folge von fehlendem Ausrücklagerspiel bewirkt Fettverlust und damit ein Festlaufen des Lagers

I Kupplung trennt nicht

31. Ausrücklagergehäuse verbogen

Ursache:
- Ausrücklager hat auf der Schiebehülse blockiert
- Defekte Schiebedüse
- Defekte Lagerung der Ausrückwelle

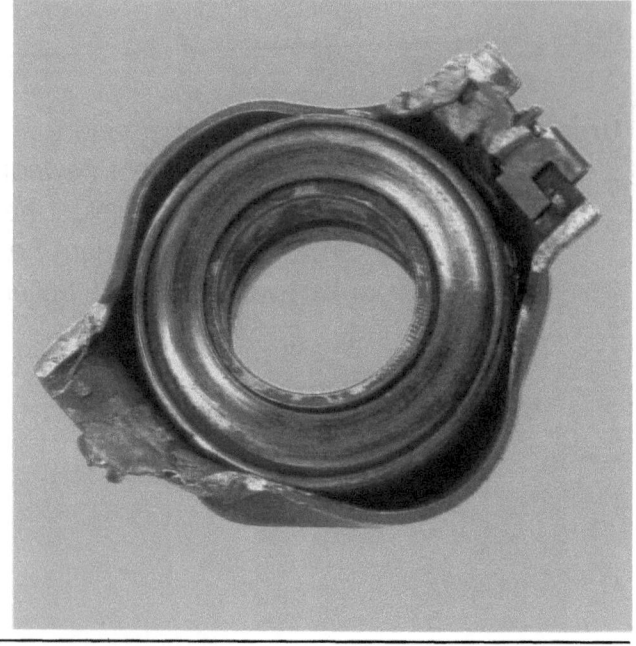

32. Bördelung des Ausrücklagers durchgeschliffen

Ursache:
- Grundeinstellung der Kupplung falsch (Opel)
- Vorlast des Ausrücklagers zu gering (Vorschrift 80–100 N)

33. Schiebehülse des Ausrücklagers defekt

Ursache:
- Grundeinstellung der Kupplung falsch
- Einseitiger Verschleiß der Ausrückgabel

Störungen am Kupplungssystem

Kupplung rutscht II

1. Punktuelle Überhitzung der Anpreßplatte

Ursache:
- Öl bzw. Fett auf den Belägen (Reibwertverlust)
  - Defekter Wellendichtring
- Ausrücklagerspiel zu gering
- Defektes Ausrücksystem (z. B. Hydraulik, Zug)
- Bedienungsfehler
  - Zu langes Schleifenlassen der Kupplung

2. Starke Riefen und Überhitzungsspuren auf der Anpreßplatte

Ursache:
- Belagstärke unter der Verschleißgrenze
- Fehlendes Ausrücklagerspiel
- Defektes Ausrücksystem
- Kupplung lief teilweise in ausgerücktem Zustand

3. Tellerfederspitzen eingelaufen

Ursache:
- Als Folge von fehlendem Ausrücklagerspiel hat das Ausrücklager blockiert
- Ausrücklager schwergängig (Diese zwei Mängel verursachen das Blockieren des Lagers, wodurch in einer extremen Situation die Tellerfederspitzen zerstört werden können.)

II Kupplung rutscht

4. Kupplungshebel abgeschliffen

Ursache:
- Ausrücklager schwergängig
- Fehlendes Ausrücklagerspiel

5. Druckstück eingelaufen (Opel)

Ursache:
- Ausrücklager schwergängig
- Vorlast des Ausrücklagers zu hoch (Vorschrift 80–100 N)

6. Belagfläche verkohlt

Ursache:
- Verölte Beläge
  - Defekter Wellendichtring
- Reibwertabfall durch zu langes Schleifenlassen der Kupplung (Überhitzung)

Störungen am Kupplungssystem

Kupplung rutscht

7. Belag verölt

Ursache: ● Wellendichtring an Motor oder Getriebe defekt

8. Belag verfettet

Ursache: ● Nabe überfettet
– Überschüssiges Fett auf der Getriebewellenverzahnung wurde nicht entfernt (dadurch Fettaustritt aus der Nabe)

9. Belag bis auf die Nieten abgefahren

Ursache: ● Belagverschleiß
– Fahrzeug wurde trotz rutschender Kupplung weitergefahren
– Normaler Verschleiß nach zu langem Einsatz
● Fahrfehler
– Zu langes Schleifenlassen der Kupplung
● Falsche Kupplung
● Defektes Ausrücksystem

II   Kupplung rutscht

10. Belagriefen – schwungradseitig –

Ursache:
- Schwungrad nicht erneuert
- Lauffläche am Schwungrad nicht nachgearbeitet

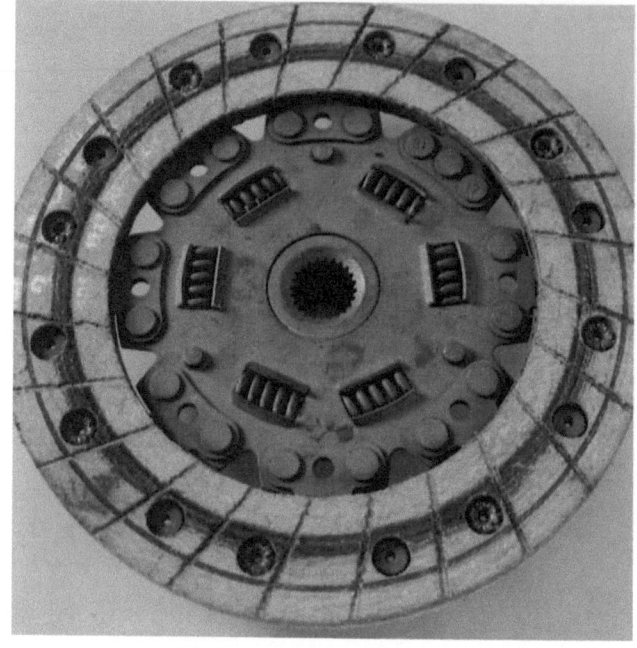

11. Schwungradseitiger Belag trägt nur außen und innen

Ursache:
- Schwungrad nicht erneuert
- Lauffläche am Schwungrad nicht nachgearbeitet

12. Belag gebrochen

Ursache:
- Unsachgemäße Lagerung
  - Sturz der Scheibe bei bzw. vor der Montage

Kupplung rutscht II

13. Anlaufspuren am Torsionsdämpfer

Ursache:
- Montagefehler
  - Einbaulage der Kupplungsscheibe falsch
- Falsche Kupplungsscheibe oder Kupplungsdruckplatte

Kupplung rupft III

1. Kupplungszug defekt

Ursache:
- Verschleiß des Kupplungszuges
  - Kunststoffmantel des Kupplungszuges verschlissen
  - Teilweise ist äußerlich kein Schadensbild erkennbar

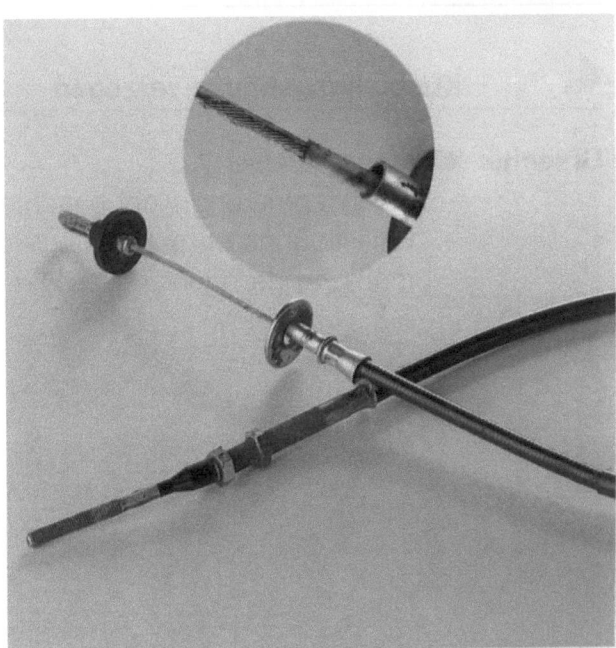

Störungen am Kupplungssystem

III Kupplung rupft

2. Rattermarken auf der Anpreßplatte

Ursache:
- Öl bzw. Fett auf den Belägen
- Vergaser- und Kupplungsbetätigung schwergängig
- Motoraufhängung defekt
- Ausgeschlagene Gelenke im Antriebsstrang
- Motoreinstellung nicht in Ordnung

3. Punktuelle Überhitzung der Anpreßplatte

Ursache:
- Öl bzw. Fett auf den Belägen (Reibwertverlust)
  - Defekter Wellendichtring
- Ausrücklagerspiel zu gering
- Defektes Ausrücksystem (z.B. Hydraulik, Zug)
- Bedienungsfehler
  - Zu langes Schleifenlassen der Kupplung

4. Kupplungsgehäuse verzogen

Ursache:
- Montagefehler
  - Innenzentrierung nicht beachtet
  - Befestigungsschrauben ungleichmäßig angezogen

Störungen am Kupplungssystem

Kupplung rupft | III

5. Tangentialblattfeder verbogen

Ursache:
- Spiel im Antriebsstrang
  - z.B. ausgeschlagene Hardyscheibe (BMW)
- Bedienungsfehler
  - Anschleppen im 1. oder 2. Gang
  - Schaltfehler
- Unsachgemäße Lagerung
  - Sturz der Kupplungsdruckplatte vor bzw. bei der Montage
- Falsche Arretierung beim Anschrauben der Kupplung

6. Tellerfederspitzen verbogen

Ursache:
- Montagefehler
  - Tellerfederspitze wurde bei der Montage verbogen

7. Belag verfettet

Ursache:
- Nabe überfettet
  - Überschüssiges Fett auf der Getriebewellenverzahnung wurde nicht entfernt (dadurch Fettaustritt aus der Nabe)

III Kupplung rupft

8. Schwungradseitiger Belag trägt nur außen und innen

Ursache:
- Schwungrad nicht erneuert
- Lauffläche am Schwungrad nicht nachgearbeitet

9. Belagriefen – schwungradseitig –

Ursache:
- Schwungrad nicht erneuert
- Lauffläche am Schwungrad nicht nachgearbeitet

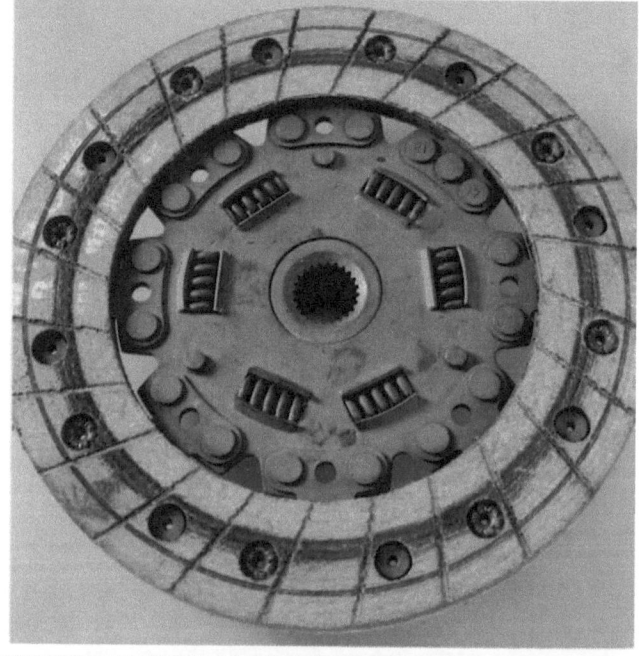

10. Nabenprofil beschädigt

Ursache:
- Montagefehler
  - Getriebewelle wurde unter Gewaltanwendung in die Nabenverzahnung der Scheibe eingefädelt (Scheibe wurde beim Einbau nicht zentriert)
- Falsche Kupplungsscheibe

Störungen am Kupplungssystem

Kupplung macht Geräusche — IV

1. Tellerfederspitzen eingelaufen

Ursache:
- Ausrücklager hat blockiert
- Ausrücklager schwergängig
- Fehlendes Ausrücklagerspiel

2. Anlaufspuren an der Nabe

Ursache:
- Montagefehler
  - Einbaulage der Kupplungsscheibe falsch
- Falsche Kupplungsscheibe

3. Anlaufspuren am Torsionsdämpfer

Ursache:
- Montagefehler
  - Einbaulage der Kupplungsscheibe falsch
- Falsche Kupplungsscheibe oder Kupplungsdruckplatte

IV Kupplung macht Geräusche

4. Abdeckblech des Torsionsdämpfers zerstört

Ursache:
- Fahrfehler
  - Durch untertourige Fahrweise wird der Wirkungsgrad des Torsionsdämpfers überschritten
- Falsche Kupplungsscheibe

5. Torsionsfeder ausgebrochen

Ursache:
- Verölte Beläge
- Falsche Motoreinstellung
- Defektes Ausrücksystem
  - Rupfschwingungen beschädigen den Torsionsdämpfer. Weil die Kupplung mit einer zu niedrigen Drehzahl betrieben wurde, wurde der Wirkungsgrad der Torsionsdämpfer überschritten (Fahrfehler).

6. Anschlagbolzen des Torsionsdämpfers eingearbeitet

Ursache:
- Fahrfehler
  - Durch untertourige Fahrweise wird der Wirkungsgrad des Torsionsdämpfers überschritten
- Falsche Kupplungsscheibe

Störungen am Kupplungssystem

Kupplung macht Geräusche — IV

7. Nabenprofil einseitig ausgeschlagen, konisches Verzahnungsbild, Torsionsdämpfer zerstört

Ursache:
- Pilotlager defekt
- Winkelversatz zwischen Motor und Getriebe

8. Nabenprofil ausgeschlagen

Ursache:
- Fehlendes oder defektes Pilotlager
- Parallel- oder Winkelversatz zwischen Motor und Getriebe
- Lagerung der Getriebehauptwelle defekt
- Schwingungsschaden

9. Anlaufhülse und Kugellager zerstört

Ursache:
- Überhitzung des Ausrücklagers als Folge von fehlendem Ausrücklagerspiel bewirkt Fettverlust und damit ein Festlaufen des Lagers

IV Kupplung macht Geräusche

10. Bördelung des Ausrücklagers durchgeschliffen

Ursache:
- Grundeinstellung der Ausrückgabel falsch (Opel)
- Vorlast des Ausrücklagers zu gering (Vorschrift 80–100 N)

11. Schiebehülse des Ausrücklagers defekt

Ursache:
- Grundeinstellung der Kupplung falsch
- Einseitiger Verschleiß der Ausrückgabel

6 Aufbau

6.1 Tellerfederkupplung in Standardausführung

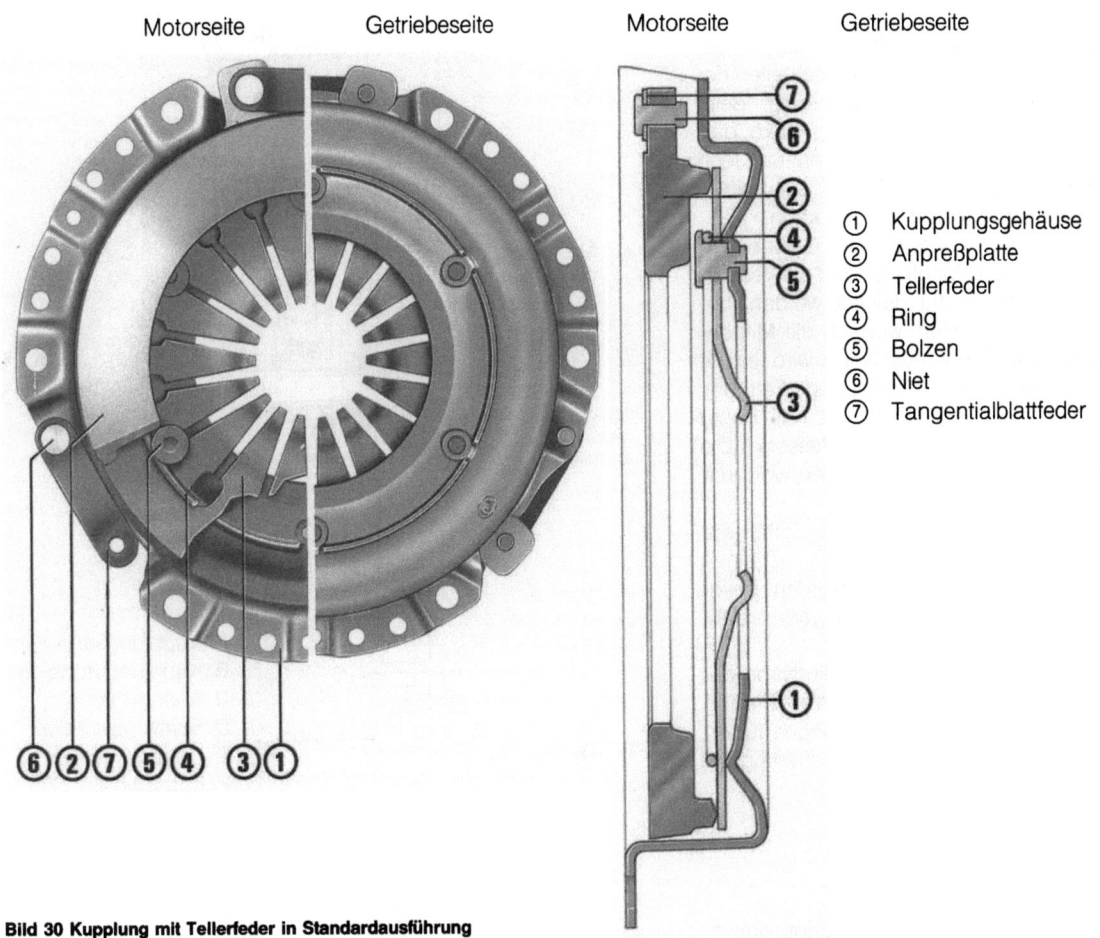

① Kupplungsgehäuse
② Anpreßplatte
③ Tellerfeder
④ Ring
⑤ Bolzen
⑥ Niet
⑦ Tangentialblattfeder

Bild 30 Kupplung mit Tellerfeder in Standardausführung

6.2 Kupplungsscheibe mit zweistufigem Torsionsdämpfer, integriertem Vordämpfer mit variabler Reibeinrichtung.

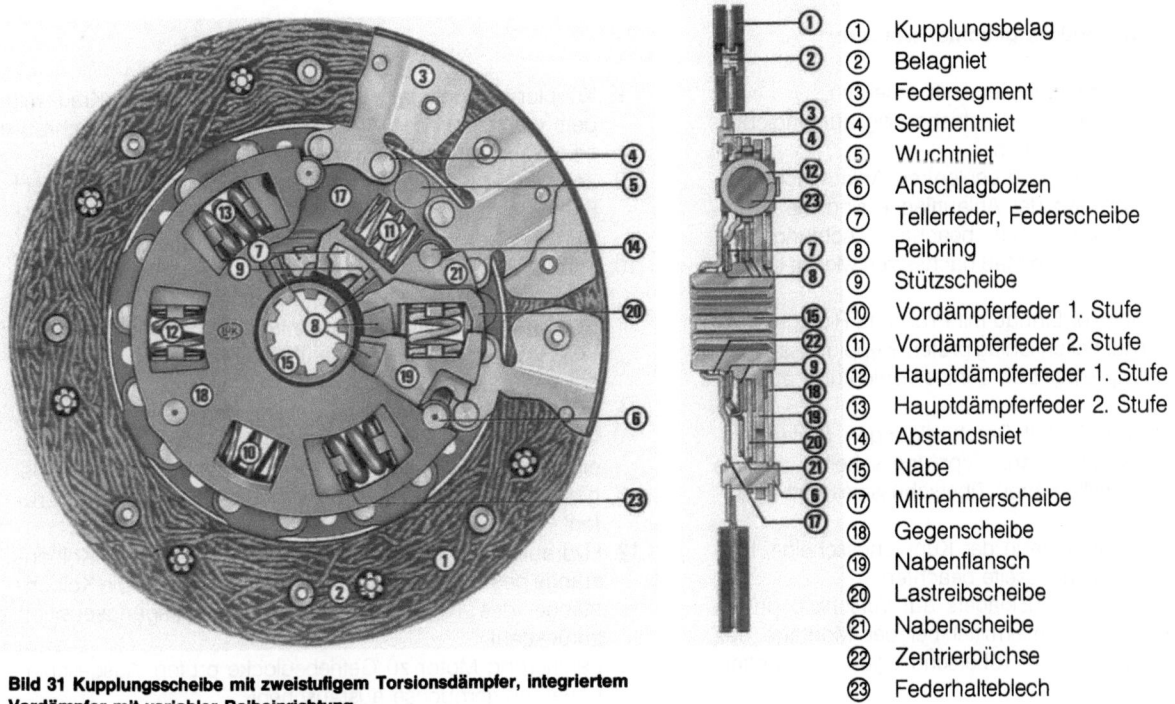

① Kupplungsbelag
② Belagniet
③ Federsegment
④ Segmentniet
⑤ Wuchtniet
⑥ Anschlagbolzen
⑦ Tellerfeder, Federscheibe
⑧ Reibring
⑨ Stützscheibe
⑩ Vordämpferfeder 1. Stufe
⑪ Vordämpferfeder 2. Stufe
⑫ Hauptdämpferfeder 1. Stufe
⑬ Hauptdämpferfeder 2. Stufe
⑭ Abstandsniet
⑮ Nabe
⑰ Mitnehmerscheibe
⑱ Gegenscheibe
⑲ Nabenflansch
⑳ Lastreibscheibe
㉑ Nabenscheibe
㉒ Zentrierbüchse
㉓ Federhalteblech

Bild 31 Kupplungsscheibe mit zweistufigem Torsionsdämpfer, integriertem Vordämpfer mit variabler Reibeinrichtung

7 Austausch von Kupplungen

1. Bevor die Kupplung eingebaut wird, sollte die Kupplungsscheibe auf Seitenschlag geprüft werden. Überschreitet der Seitenschlag mehr als 0,5 mm, ist dies unzulässig. Beim Transport oder bei der Lagerung gibt es immer ein Risiko, daß die Kupplungsscheibe einen Seitenschlag bekommt. Jede Werkstatt sollte eine Vorrichtung haben, mit der der Seitenschlag der Kupplungsscheibe festgestellt werden kann.
2. Die Mitnehmerscheibe soll sich leicht auf der Getriebeeingangswelle axial bewegen können. Wichtig ist, daß die Verzahnung der Nabe und der Welle richtig gefettet werden. Die Verzahnung wird mit Fett eingeschmiert, wonach die Mitnehmerscheibe montiert wird. Die Kupplungscheibe wird einige Male über die Achse geschoben. Das überschüssige Fett, das sich an der Nabe und an der Welle freigesetzt hat, ist zu entfernen. Wird kein Fett verwendet, rostet die Passung. Die Nabe kann sich nicht mehr frei auf der Welle bewegen, wodurch die Kupplung nicht trennt bzw. rupft.
Wichtig ist, darauf zu achten, daß das Fett keine Feststoffanteile beinhaltet.
3. Die Mitnehmerscheibe sollte richtig zentriert werden, bevor die Kupplungsdruckplatte mit der Schwungscheibe verschraubt wird.
4. Die Getriebeeingangswelle sollte vorsichtig in die Nabe der Kupplungsscheibe eingeführt werden, damit die Verzahnung nicht beschädigt wird. Eine beschädigte Verzahnung reduziert die Beweglichkeit der Nabe, wodurch es zu Trennschwierigkeiten und Rupfen kommen kann.

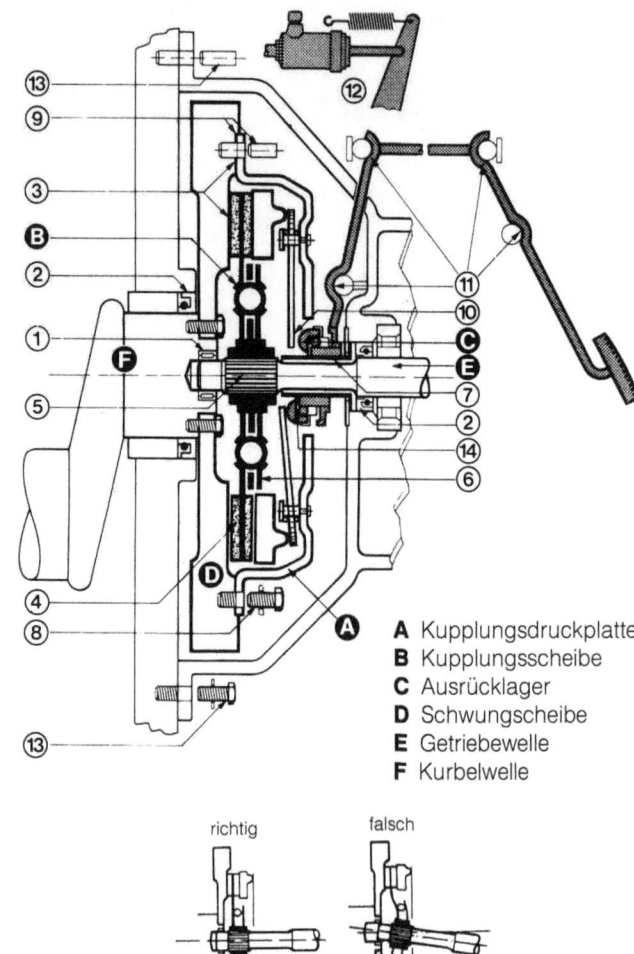

A Kupplungsdruckplatte
B Kupplungsscheibe
C Ausrücklager
D Schwungscheibe
E Getriebewelle
F Kurbelwelle

Bild 32

Das Wichtigste zuerst:

- Wurde die richtige Zuordnung Fahrzeug/Kupplungskomponenten getroffen (Katalogaussagen beachten)!
- Stehen die für den Kupplungswechsel evtl. notwendigen Spezialwerkzeuge zur Verfügung?

Und darauf sollte besonders geachtet werden:

1. Passung des Pilotlagers prüfen; evtl. erneuern.
2. Wellendichtringe motor- und getriebeseitig auf Undichtigkeit prüfen und ggf. erneuern.
3. Schwungrad auf riefen- und beulenfreie Anlauffläche prüfen! Bei Nacharbeitung der Anlauffläche sind die vorgeschriebenen Toleranzen zu beachten. Achtung: Anschraubfläche im gleichen Maß nachsetzen wie die behandelte Lauffläche!
4. Kupplungsscheibe vor Einbau mit Prüf- und Richtgerät AS Nr. 400 0006 10 auf Seitenschlag prüfen! Kupplungsscheibe unter Verwendung einer LuK-Zentriervorrichtung ausrichten.
5. Getriebeeingangswelle auf Beschädigungen prüfen. Nabenprofil oder Welle fetten. Kupplungsscheibe auf die Getriebeeingangswelle führen, überschüssiges Fett entfernen.
6. Vorgeschriebene Einbaulage der Kupplungsscheibe, Hinweis: Motor- oder Getriebeseite beachten.
7. Führungshülse des Ausrücklagers auf Verschleiß prüfen und ggf. erneuern. Schmiermittel bei der Montage des Ausrücklagers verwenden (überschüssiges Fett entfernen).
8. Kupplungsdruckplatte in mehreren Schritten über Kreuz mit dem vorgeschrieben Drehmoment anziehen (evtl. Schraubensicherungslack verwenden).
9. Zentrierung Kupplungsdruckplatte-Schwungrad beachten! Bei Außenzentrierung auf den Zustand des Paßrandes der Kupplungsdruckplatte und des Schwungrades achten!
10. Schiefstand von Tellerfederzungen bzw. Ausrückhebeln, hervorgerufen durch Dicketoleranzen des Reibbelages, regulieren sich nach kurzer Einlaufzeit. Bei Nachjustierung der LuK werkseitig durchgeführten Festeinstellung erlischt der Garantieanspruch!
11. Kupplungsbetätigung auf Funktion und Verschleiß prüfen! Der Austausch des Kupplungszuges gehört zum Umfang einer fachgerecht durchgeführten Kupplungsreparatur! Bei gestängebetätigten Ausrücksystemen Lagerungen prüfen!
12. Hydrauliksystem ggf. entlüften. Ausrückweg der Kolbenstange des Nehmerzylinders prüfen. Prüfen, ob die Kolbenstange des Nehmerzylinders in die Ausgangsposition zurückgeht.
13. Zentrierung Motor zu Getriebeglocke prüfen. Ausgeschlagene Zentrierbuchse austauschen!

14. Bei mit Spiel betriebenen Ausrücklagern 2–3 mm Weg einstellen. Mitlaufende Ausrücklager werden mit einer Vorlast von 80–100 N betrieben. Lager und Kunststoffmuffe nur mit Metallführungshülse kombinieren.

Achtung: Chemisch vernickelte Naben müssen nicht gefettet werden.

Nachfolgend aufgeführte Langzeitschmierfette können u. a. verwendet werden: Optimoly Paste MP2/Microlube GL 261/Microlube GNY 202/Molykote Longtherme 2+. Ungeeignet ist Fett mit Feststoffanteilen! Getriebeeingangswelle vorsichtig in die Nabe der Kupplungsscheibe einfädeln, um Beschädigungen des Profils oder ein Tellern der Kupplungsscheibe auszuschließen.

Wichtiges zum Kupplungsumfeld
Da die Überprüfung des Kupplungszuges in der Werkstatt nicht vorgenommen werden kann, gehört der Austausch dieses wichtigen Bauteiles zur fachgerecht durchgeführten Kupplungsreparatur.

Wellendichtringe, motor- und getriebeseitig, sind auf Undichtigkeiten zu prüfen und ggf. zu erneuern, da selbst geringste Ölspuren zum Ausfall des Kupplungsaggregates führen.

Der Schiefstand von Tellerfederzungen bzw. Kupplungshebeln, hervorgerufen durch Dicketoleranzen des Reibbelages, regulieren sich nach kurzer Einlaufzeit.

Getriebeeingangswelle auf Beschädigung prüfen.
Nabenprofil oder Welle fetten. Kupplungsscheibe auf die Getriebeeingangswelle führen und überschüssiges Fett entfernen.

Achtung: Chemisch vernickelte Naben müssen nicht gefettet werden.

Keine Fettarten mit Feststoffanteilen verwenden

Getriebeeingangswelle vorsichtig in die Nabe der Kupplungsscheibe einfädeln, um Beschädigungen des Profils oder ein Tellern der Kupplungsscheibe auszuschließen.

Führungshülse des Ausrücklagers auf Verschleiß prüfen und ggf. erneuern.
Schmiermittel bei Montage des Ausrücklagers verwenden.

Bei mit Spiel betriebenen Ausrücklagern 2–3 mm Weg einstellen.
Mitlaufende Ausrücklager werden mit einer Vorlast von 80–100 N betrieben.

Lager mit Kunststoffmuffe nur mit Metallführungshülse kombinieren.

Kupplungsbetätigung auf Funktion und Verschleiß prüfen

Hydrauliksystem ggf. entlüften.
Ausrückweg der Kolbenstange des Nehmerzylinders prüfen.
Prüfen, ob die Kolbenstange des Nehmerzylinders in ihre Ausgangsposition zurückgeht.

8 Störungsursachen

Kupplung trennt nicht

Gründe	Ursachen	Abhilfe
1. Planlaufabweichung der Kupplungsscheibe ist zu groß	Kupplungsscheibe wurde vor Einbau nicht überprüft	Kupplungsscheibe richten. Abweichung von max. 0,5 mm ist zulässig
2. Kupplungsscheibe klemmt auf Getriebewelle	a. Profil wurde bei Einbau verstoßen	Grat entfernen oder Kupplungsscheibe erneuern
	b. Nabe oder Getriebewelle ist am Profil ausgeschlagen	Kupplungsscheibe oder Welle oder beides erneuern
	c. Nabe ist auf der Welle festgerostet	Nabe und Welle säubern, Welle leicht einfetten
3. Belag an Schwungscheibe oder Anpreßplatte festgerostet	Bei längerer Stillegung des Fahrzeuges Kupplung nicht ausgerückt	Angerostete Teile einschließlich Belagoberfläche mit Schmirgelpapier säubern
4. Kupplungsscheibe hat sich am Schwungrad oder an der Anpreßplatte festgesaugt		Volle Belagnieten 2 mm ⌀ durchbohren, Belag mit Schmirgelpapier leicht aufrauhen
5. Kupplungsscheibendicke zu groß	Falsche Kupplungsscheibe eingebaut	Richtige Kupplungsscheibe einbauen
6. Führungslager defekt oder schwergängig		Führungslager einbauen
7. Kupplung trennt nicht	a. Ausrücklagerspiel zu groß	Spiel auf vorgeschriebenes Maß einstellen
	b. Ausrückbetätigung hat zu viel Spiel	Schadhafte Teile erneuern
	c. Zu wenig Bremsflüssigkeit	Bremsflüssigkeit nachfüllen
	d. System undicht	evtl. Zylinder austauschen
	e. Luft im System	entlüften
	f. Kupplung nicht richtig verschraubt	Verschraubung in Ordnung bringen, bei verzogener Kupplung diese erneuern
	g. Zu große Belagfederung	Richtige Kupplungsscheibe einbauen
	h. Nabe wurde beim Einbau verbogen bzw. Profil verstoßen	Scheibe erneuern
	i. Hebel bzw. Tellerfederenden wurden beim Zusammenfahren von Motor und Getriebe verbogen	Kupplungsdruckplatte erneuern
	j. Kupplungsdruckplatte wird überdrückt	Ausrückwegbegrenzung beachten

Kupplung rupft

Gründe	Ursachen	Abhilfe
1. Belag verölt	a. Ölaustritt an der Getriebe- oder Kurbelwellenlagerung	Kupplung reinigen Kupplungsscheibe erneuern (auf keinen Fall versuchen, Beläge zu reinigen), Leckstellen abdichten
	b. Überfettung des Verzahnungsprofils an der Getriebewelle	
	c. Fettverlust des Ausrücklagers	
2. Falscher Belag	Nicht vorgeschriebene Scheibe mit nicht abgestimmtem Belag wurde einbaut	Richtig belegte Kupplungsscheibe eingebauen
3. Kupplungsbetätigung	b. Lagerstellen	Teile gangbar machen bzw. erneuern
	c. Geber- oder Nehmerzylinder	
	d. Ausrücklagerführung	
4. Schwergängige Vergaserbetätigung	a. Lagerstellen	Entsprechende Teile gangbar machen bzw. erneuern
	b. Vergaserzug	
5. Motor- und Getriebeaufhängung	Falsche oder mangelhafte bzw. beschädigte Aufhängung	Instandsetzen bzw. erneuern
6. Kupplung greift einseitig ein	a. Ausrückerstellung stimmt nicht	Überprüfen und richtig einstellen

Kupplung rupft

Gründe	Ursachen	Abhilfe
	b. Druckplatteneinstellung wurde nachträglich verstellt	Kupplungsdruckplatte erneuern
	c. Gehäuse, Hebel oder Tellerfeder wurde bei Montage verbogen	Kupplungsdruckplatte erneuern
	d. Nabe der Kupplungsscheibe wurde bei Montage verbogen bzw. verstoßen	Kupplungsscheibe erneuern
	e. Kurbelwelle fluchtet nicht mit Getriebewelle	Zentrierflächen von Motor und Getriebe überprüfen und in Ordnung bringen
	f. Falsche Montage	
7. Falsche Motoreinstellung	a. Vergasereinstellung	Motoreinstellung korrigieren
	b. Zündeinstellung	
	c. Einspritzanlage	

Kupplung rutscht

Gründe	Ursachen	Abhilfe
1. Kupplungsbeläge abgenutzt	a. Natürlicher Verschleiß	Kupplungsscheibe möglichst mit Kupplung erneuern
	b. Zu langes Schleifenlassen der Kupplung	
	c. Anpreßdruck der Kupplungsplatte ist zu gering	
2. Kupplungsbeläge verölt	a. Ölaustritt an der Getriebe- oder Kurbelwellenlagerung	Kupplungsscheibe erneuern, Kupplung reinigen (auf keinen Fall versuchen, Beläge zu reinigen), Leckstellen abdichten
	b. Überfettung des Verzahnungsprofils an der Getriebewelle	
	c. Fettverlust des Ausrücklagers	
3. Kupplung läuft in teilweise ausgerücktem Zustand	a. Spiel am Ausrücklager zu klein eingestellt	Spiel wie vorgeschrieben einstellen
	b. Zu hohe Reibung in der Kupplungsbetätigung	Betätigung wieder gangbar machen
	c. Nehmerzylinder geht nicht mehr in die Ausgangslage zurück	Nehmerzylinder austauschen
4. Schwungradtiefe entspricht nicht der Vorschrift	Beim Nacharbeiten der Anlauffläche wurde Anschraubfläche nicht nachgedreht	Anschraubfläche nacharbeiten, evtl. neues Schwungrad einbauen
5. Falsche Kupplung eingebaut	Falsche Bestellnummer bzw. falscher Fahrzeugtyp angegeben	Richtige Kupplung einbauen
6. Gehäuse, Hebel oder Tellerfeder der Kupplung verbogen	Bei Demontage oder Montage der Kupplung nicht vorschriftsmäßig gearbeitet	Neue Kupplung einsetzen unter Beachtung der Montageanleitung
7. Kupplung überhitzt	a. Unsachgemäße Bedienung	Kupplung und Kupplungsscheibe erneuern
	b. Alle unter 1–6 aufgeführten Gründe	
8. Belagtragbild auf Schwungradseite ist schlecht	Anlauffläche am Schwungrad hat Riefen	Anlauffläche nacharbeiten, Anschraubfläche entsprechend nachsetzen

Kupplungsgeräusche

Gründe	Ursachen	Abhilfe
1. Falsche Kupplungsscheibe	Torsionsdämpfer ist nicht auf Fahrzeug abgestimmt	Richtige Scheibe einbauen
2. Unwucht		Kupplung bzw. Kupplungsscheibe erneuern
3. Führungslager	Lager defekt oder nicht eingebaut	Neues Lager einsetzen
4. Ausrücklager	a. Lager ist defekt oder läuft trocken	Erneuern
	b. Lager läuft mit Mittenversatz	Richtig einstellen
6. Ausgeschlagener oder gebrochener Torsionsdämpfer	Falsche Fahrweise im zu großen Gang bei niedriger Drehzahl und Vollgas (untertourig)	Kupplungsscheibe erneuern

Aus dem Programm Kraftfahrzeugtechnik

Technische Lehrgänge für Ausbildung und Praxis

		ISBN
Technischer Lehrgang:	Hydraulik	3-528-04832-8
Technischer Lehrgang:	Kupplungen	3-528-04829-8
Technischer Lehrgang:	Schmierstoffe und Motoren	3-528-04827-1
Technischer Lehrgang:	Starterbatterie	3-528-04825-5

In Vorbereitung:

Technischer Lehrgang:	*Stoßdämpfer*	*3-528-04830-1*
Technischer Lehrgang:	*Automatische Getriebe*	*3-528-04828-X*
Technischer Lehrgang:	*Gleitlager für Verbrennungsmotoren*	*3-528-04831-X*
Technischer Lehrgang:	*Ventile, Schäden und ihre Ursachen*	*3-528-04836-0*
Technischer Lehrgang:	*Hydraulische Systeme, Berechnungen*	*3-528-04835-2*
Technischer Lehrgang:	*Turbolader*	*3-528-04826-3*
Technischer Lehrgang:	*Motorkraftstoffe*	*3-528-04834-4*
Technischer Lehrgang:	*Kolben, Schäden und ihre Ursachen*	*3-528-04833-6*

Fachbücher für die Ausbildung

Kraftfahrzeugtechnik
Technologie für Automobil- und Kraftfahrzeugmechaniker
von W. Staudt (Hrsg.)   3-528-04302-4

Metalltechnik
Grundbildung für kraftfahrzeugtechnische Berufe
von W. Staudt (Hrsg.)   3-528-04430-6

Arbeitsblätter Kraftfahrzeugtechnik
von W. Staudt (Hrsg.)   3-528-04913-8

Elektrische Motorausrüstung
von G. Henneberger   3-528-06372-6

Vieweg

If you have any concerns about our products,
you can contact us on
ProductSafety@springernature.com

In case Publisher is established outside the EU,
the EU authorized representative is:
**Springer Nature Customer Service Center GmbH
Europaplatz 3, 69115 Heidelberg, Germany**

Printed by Libri Plureos GmbH
in Hamburg, Germany